U0238434

基于空间数据库的

地图制图

王东华　刘建军　王桂芝　著

中国水利水电出版社

www.waterpub.com.cn

·北京·

内 容 提 要

　　本书介绍了基于空间数据库地图制图的主要研究与实施成果，包括空间数据库驱动的地图表达理论、地图制图技术、制图系统设计与研发，以及在国家1∶50000 地形图制图工程与《国家普通地图集》编撰工作中的应用，并对地图制图的未来发展进行了展望。

　　本书可作为各级、各类地图制图相关技术人员的重要参考书，也可作为地理信息系统初学者的入门辅导读物。

图书在版编目（ＣＩＰ）数据

　　基于空间数据库的地图制图 / 王东华，刘建军，王桂芝著. -- 北京：中国水利水电出版社，2022.5
　　ISBN 978-7-5226-0656-9

　　Ⅰ. ①基… Ⅱ. ①王… ②刘… ③王… Ⅲ. ①空间信息系统-应用-地图制图自动化 Ⅳ. ①P283.7

　　中国版本图书馆CIP数据核字（2022）第073550号

书　　　名	**基于空间数据库的地图制图** JIYU KONGJIAN SHUJUKU DE DITU ZHITU
作　　　者	王东华　刘建军　王桂芝　著
出 版 发 行	中国水利水电出版社 （北京市海淀区玉渊潭南路 1 号 D 座　100038） 网址：www. waterpub. com. cn E - mail：sales@mwr. gov. cn 电话：（010）68545888（营销中心）
经　　　售	北京科水图书销售有限公司 电话：（010）68545874、63202643 全国各地新华书店和相关出版物销售网点
排　　　版	中国水利水电出版社微机排版中心
印　　　刷	北京印匠彩色印刷有限公司
规　　　格	170mm×240mm　16 开本　9.25 印张　181 千字
版　　　次	2022 年 5 月第 1 版　2022 年 5 月第 1 次印刷
印　　　数	0001—1000 册
定　　　价	**68.00 元**

技术背景及现状进行简单梳理。第二章主要从基础理论出发，着重梳理空间数据与制图数据一体化的数据模型以及地图表达机制两方面理论，奠定图库一体制图技术的理论基础。第三章从空间数据库驱动下的制图符号化、地图注记配置、图廓整饰等关键制图技术入手，构建了空间数据库驱动的地图制图技术体系。第四章以空间数据库驱动的地图制图技术为基础，介绍了相应制图软件系统的设计与实现。第五章、第六章从技术应用出发，分别介绍了空间数据库驱动的地图制图技术在国家1∶5万地形图制图工程以及《国家普通地图集》编制工作中的应用。第七章对本书作简短总结，并从新形势下的新需求出发，简单展望未来以数据库驱动的地图制图技术为基础的地图服务发展方向。

本书的编写得到了各方面的大力支持与帮助。感谢国家测绘地理信息局李维森副局长、白贵霞、田海波等领导的指导；感谢国家基础地理信息中心，中国测绘科学研究院，陕西、黑龙江、四川、海南测绘地理信息局，重庆测绘院等单位的大力支持；感谢武汉大学闫利教授的指导，以及商瑶玲、乔俊军、陈棉、吴晨琛、刘剑炜、李罂、张晓倩、赵淮、孙洪双、石江南等同志在工程实践中做出的贡献；感谢赵士权对全书的整理及优化。在此一并致以衷心的感谢！

由于有关研究工作还不够深入，加之水平和时间有限，书中的内容还有进一步完善的空间，恳请读者给予指出并提出宝贵意见。

作者

2022 年 1 月 10 日

地图是基础地理信息最直观的表达载体，广泛应用于国民经济和国防建设。各行各业的用户除了需要现势性好的多种地理信息数据外，同样需要图形化的制图数据或纸质地图，特别是覆盖全国范围1∶5万比例尺的地形图。近年来，随着国家基础地理数据库建设与更新逐步推进和深入，先后建成全国1∶100万、1∶25万、1∶5万数据库，并在2011年、2013年、2015年分别完成了1∶5万数据库、1∶25万数据库和1∶100万数据库的全面更新，之后又实现了动态更新，每年更新一次、发布一版。毫无疑问，现势性强、可靠性高、更新速度快的基础地形数据库为地形图制作与更新提供了良好的数据前提，但是由于缺乏相应的技术支撑，地形图的更新生产迟迟未开展，其现势性远远滞后于基础数据库。此外，大型地图集虽相较标准地形图制图有着较低的现势性需求，但针对大型地图集编制的标准化设计理念、技术体系及地图生产工具的研制均存在着部分空白，这使得不定期更新的大型地图集编制工作缺少理论与技术依据。本书从数据库驱动的地图制图机制入手，综合梳理地图表达理论基础，构建了包括要素符号化、注记配置、图廓整饰等一系列方法在内的地图制图技术，并在此基础上，形成了以数据库驱动的地图制图技术体系，开发相应制图软件系统，进而应用于国家标准地形图制图及《国家普通地图集》编制中，为空间数据库驱动地图制图技术的建设与发展提供参考。

本书共七章。第一章主要从总体上对空间数据库驱动的地图制图

目录

第一章
绪　论

一、背景与意义

地图作为地理信息最直观表达的工具，广泛地应用于社会、机构和个人；地形图作为对基础地理信息最具认知功效的表达载体，在国民经济和国防建设的地理空间信息应用中均具有不可替代的作用。各行各业的用户除了需要现势性好的多种地理信息数据外，同样需要图形化的制图数据或纸质地形图，特别是覆盖全国范围 1∶5 万比例尺的地形图。长期以来，由于受到技术条件和经济发展水平的限制，国家 1∶5 万、1∶25 万、1∶100 万等比例尺地形图更新缓慢，绝大部分为 20 世纪 70—90 年代测绘或修测，内容十分陈旧，远远不能满足经济社会发展的应用需要，亟待更新。

但是，传统地形图制作与更新工艺缺乏相应的技术支撑，1∶5 万地形图更新采用立体测图修编，或利用更大比例尺地形图修编；1∶25 万地形图更新采用更大比例尺地形图或遥感影像修编。此类更新方式技术环节多，技术难度大，工作任务重，同时还要受到资料等多种因素制约，生产效率较低，因此在几十年之内尚未实现对全国范围 1∶5 万、1∶25 万和 1∶100 万地形图的更新。而信息时代地形图制图的要求是数字化、网络化、智能化，且用户对地形图现势性的基本需求是一年、几个月，甚至是几周，因此，地形图制图数据生产、更新与建库技术的升级改造势在必行。

此外，随着国家基础地理数据库建设与更新工作的逐步开展，我国建成的国家层面的基础地理数据库包括：1∶100 万、1∶50 万、1∶25 万地图数据库，1∶5 万数字高程模型数据库，1∶5 万基础框架数据库，1∶300 万中国及其周边地图数据库，1∶500 万世界地图数据库和数字正射影像数据库等；省市层面的基础地理数据库包括：1∶1 万地形数据库和 1∶5 000、1∶2 000、1∶1 000、1∶500 基础地理信息数据库。这种数据库体系初步构成了我国及全球基础地理空间数据框架，为数字地球、数字中国、数字省、数字城市、数字江河、数字海洋建设奠定了坚实的空间数据基础框架。此外，空间地理数据库又实现了动态更新，频率为每年更新一次、发布一版。毫无疑问，现势性强、可靠性高、更新速度快的基础地形图数据库为地形图制作与更新提供了良好的数据前提，但是由于缺乏相应的技术支撑，地形图的更新迟迟未开展，其现势性远远滞后于基础数据库。

过去，GIS 数据库并不将地形图数据作为主要产品，因此，也不作为 GIS 数据库设计的重点。但是，在地形图的实际制作生产中使用的地图制图软件系统缺乏对地理数据库建库相关功能的支持，地理信息数据库从入库到出版处理的生产流程不可逆，并且由于地理信息系统软件的中心目的是空间数据的分析应用而非地图生产，因此对地图制图的功能要求比较低，难以达到地图出版的要求，

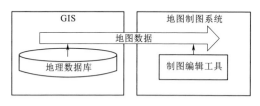

图 1-1　当前 GIS 地图制图机制

导致地图产品往往与地理数据库分离，分离的地图数据通常在平面设计软件中完成地图编辑工作，如图 1-1 所示。

地形图当前的生产模式导致大量用 GIS 软件制作的地图美观性不足或者缺乏说服力，具体表现为：

（1）难以解决地图符号间的整体协调性，符号之间的重叠等问题难以自动处理。

（2）难以自动实现不规则线、面要素的符号化，例如不规则的阶梯路、斜坡等地物符号。

（3）有时地形图上存在一些没有任何属性意义的线要素，如行政境界线的跳绘线等，此类要素很难通过符号化实现，这主要是为了地图表达的要求或图面美观而添加的要素。

（4）难以协调空间分析和地图表达之间的矛盾，因为两者之间存在着空间数据的严重不一致性。

当前地形图生产工作流程不连续、不可逆，存在以下几点待改进的地方：数据在不同软件之间的导出导入；用户界面缺乏一致性；重复的修改和更新使工作效率大打折扣，无形之中也增加了制图费用；制图者在地图编制过程中无法访问要素的属性；生产不同比例尺地图产品时，制图者需要维护多个数据库等。在目前这种情况下，即使在更新地理信息数据存在增量数据的，要得到最新现势成果时，仍不能对其加以有效利用，依然要将所有要素符号化、处理制图关系并进行整饰，如图 1-2 所示。

面对新形势下地形图生产更新技术工艺与当今测绘地理信息发展要求之间的矛盾，以及基础地形图数据库的完备性，国家测绘地理信息局在 2008 年启动了国家 1∶5 万地形图数字制图工程，即在空间数据库驱动的地形图快速制图数据存储模型和规则的基础上，利用更新后现势性强、可靠性高的 1∶5 万地

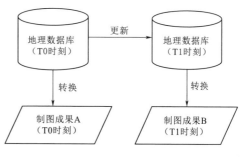

图 1-2　当前地图制图流程

形数据库，研制开发相应的制图生产与集成管理软件系统，智能化地实现国家基本地形图制图数据的快速生产、集成管理、打印准备等。

基于数据库的一体化地形图制图技术的深度挖掘与系统集成势必会掀起地形图生产新一轮的浪潮。完善的地形图制图规则库、智能的地形图生产工艺，不仅可以形成国家基本比例尺地形图快速制图、集成建库、联动更新的技术体系，而且能够有效提升我国地图制图与快速更新能力和水平，加速向信息化测绘方向的转变，意义深远。

二、国内外技术现状

（一）制图建库一体化技术发展现状

制图建库一体化是将制图与建库有机地融合在一起，旨在有效解决地形图与地理数据库不一致和数据重复问题，克服数据库更新与维护困难的障碍，在保证地理数据的独立性与完整性的同时，兼顾地图要素之间关系的合理表达。图库一体化生产模式不仅能够降低数据的冗余，还可以满足数据实时更新的需求，提高数据的生产效率、减少人力和物力的成本，颇受制图行业的高度重视。

Kosuke 等首先提出了 "a system that automatically generalizes structured geo-spatial information to make paper map"，为一体化的实现提供了一定价值。刘海砚论证了地理数据与制图数据一体化生产模式是最优模式，并提出了一体化生成模式的两个关键技术，一是解决地理数据的地图表达；二是更新地理要素时，地理要素的属性信息和其要素的符号化图形始终保持同步更新，使得基础地理数据生产或更新与相应的地形图生产同时（或者一致）完成 。正是由于一体化制图以及地理数据库制图方式在基础地理数据生产及应用方面展现出的效率，地图制图领域在这一方向上展开了许多研究以及技术开发。肖计划等认为一体化是既要求得到地理信息以作为 GIS 的数据源，又需要完成传统纸质地图的出版以便于人们阅读。刘瑞春等指出图库生产一体化可基于一个软件平台、一套数据生产纸质地图和地理数据两项成果。Paul Hardy 等提出在数据库中存

储制图表达的规则和覆盖的方法来同时满足制图自动化和工艺创造性。尹章才为避免无谓的地图数据复制问题,提出了以地图制图数据为中心的地图表达模型,并利用 XML、GML 等可扩展的标记语言对地图表达模型中的地理数据、制图数据进行了详细描述。梅洋进行了基于 XML 的地图符号库和地图表达的关键技术研究;杨勇等把 GIS 软件与图形软件进行优势互补,着重阐述了符号图形的概念,认为地图制图系统的基础就是符号图形。王东华等针对当前地形图制图生产的低效性,提出了地理数据库驱动的制图数据快速生产技术,并结合当前测绘含义的生成现状,设计了相应的工作流模型,研发了友好实用的生产软件系统,实现了国家 1∶5 万数据库更新工程的规模化应用。胡振龙等基于地理数据库驱动的地图表达原理,将基态地图表达作为起点,探讨了利用增量更新的制图方式进行地图生产的关键因素,从基态继承、增量数据模型扩展、图形输出控制、地理处理工具、增量表达分类预处理、图形冲突检测与处理 6 个方面深入地探讨了增量更新制图的主要机制,并基于 Geodatabase 数据模型给出了具体的实现途径,如图 1-3 所示;李霖等通过对符号单元的同核变换进行定义,将地理要素类的符号化过程扩展到了地理要素实例层,从而提出了地理要素空间向地图要素空间转换的制图模型,该模型将地图表达机制与 GIS 符号化相结合,使得地图制图过程更加流畅,大大减少了中间人工干预过程,提高了生产效率。

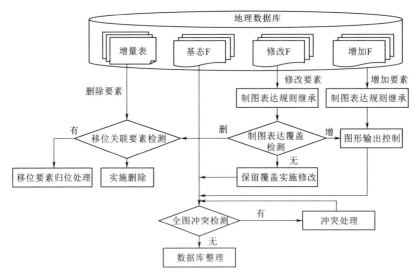

图 1-3 增量更新制图处理

随着 GIS 空间数据库技术的蓬勃发展,测绘行业对数据一致性的要求日益迫切,促使了图库一体化的进展。2001 年完成的 1∶300 万中国军事地理图制作及数据库，2002 年完成的 1：1400 万世界政区图制作及数据库，以及之后完成的 1：500 万世界军事地理图制作及数据库等都是图库一体化探索的有益尝试。在省级层面，四川省测绘技术部门根据 GIS 数据生产和地形图制作要求，提出了一套解决方案，同时在 ArcGIS 下开发了实现一体化流程的软件系统 iMap，并且在四川省基础地理信息数据库建设过程中实现了一体化。张克军利用采编一体化的数字摄影测量软件 GeowayDPS 对地物进行了"先内后外"的判调，然后实施甘肃省 1：1 万基础地理数据与制图数据一体化生产，实现了"一套数据两种用途"。同时，为保证数据质量，他认为有必要研发一种成熟的生产软件，建立一套完整的生产模式和工作流模型是非常关键的措施。

创新性的理论与完备性的技术是相辅相成的，业界人士提出的创新性理念颇有价值，可以指导基于数据库的一体化地形图制图技术的深入挖掘，但是实现程度有限，主要表现为：①在地理数据生产过程中，基于通用模型的软件平台，在地理要素的几何图形处理和构造方面功能不全，效率低，需要大量的人工交互，工作强度大，要素之间的拓扑关系主要是通过几何图形在不同要素层之间的复制来实现的；②复用几何段必须在各层同时编辑，数据一致性难以维护，导致一幅图的建库数据需要耗费半年多的时间才能完工；③地图编制实质上是在地理数据库的副本上进行的，编制过程中要保证地理数据库的数据完整性，否则就会造成地图编制的成果与地理数据库中的数据不一致，造成返工，影响生产效率；④由于缺乏统一的理论模型，也缺少有效的生产和管理技术平台，导致地理数据库的局部更新与地图全图更新不同步。

（二）地图制图技术系统化集成现状

从原理上讲，地形图制图数据生产工艺经历了三个阶段：一是模拟测图或编图，前者主要是利用航空摄影测量法直接测绘地形图，后者则是使用 1：10000、1：25000 等大比例尺地形图编绘，但是这种方法无法获得实用型数据，不久便遭到淘汰；二是通过数字摄影测量或缩编，直接生产地形图，但这种方式适合于大比例尺测图，制图成本高，应用受到局限；三是先利用数字摄影测量的方法获得基础地理数据，然后直接利用此数据或已建成的地理数据库生产地形图，或者在采集数据的同时一体化生产地形图。数字化时代以来，此类制图模式得到了广泛推广。

按照制图平台的不同，利用 GIS 数据生产地形图又可分为两种作业模式：

（1）基于平面设计软件生产地形图，也就是将地理数据导入到平面图形设计软件中，例如 Illustrator、CorelDraw、FreeHand 等平面设计软件，经过符号配置生成图形文件，最后进行图形加工和编辑处理。该类平面设计软件具有强大的图形编辑功能，但是与当前的 GIS 地理数据管理系统平台不衔接，制图生产时不能直接导入制图软件中，转换工作十分复杂。特别是当多种属性的要素进行转换时难度更大，甚至可能出现有一些信息难以转换而丢失的意外情况。此外，地图符号配置主要采用人机交互的方式，工作量大，生产效率低，较难实现自动化，且地理数据与地图数据相互分离，一旦地理数据发生变化，需要分别对制图数据和地理数据进行修改和更新。

（2）基于支持 GIS 数据的制图软件生产地形图，如 AutoCAD、MapCAD、方正智绘、MicroStation 等，制图人员可以直接输入地理数据文件、进行编辑和符号配置。但是因为地形数据与制图数据的数据模型有一定的差异，对于由 GIS 数据向制图数据模型转换时引起的图面要素表示冲突与关系矛盾的问题，仍缺乏系统有效的解决方案，难以自动和智能地实现地图符号配置、注记生成等。

第二章
空间数据库驱动的地图表达理论

地理数据库是将空间对象抽象为点、线、面 3 种类型，依据标准的分类与编码标准分层，反映空间地理实体位置、属性、拓扑关系的数据的集合。作为地图大家族的一分子，国家基本比例尺地形图具有统一的大地坐标系统和高程系统、完整的比例尺系列和分幅编号系统、依据国家制定的统一规范和图示、采用指定的方法测制或根据可靠的资料编制四大基本特性，担负着信息负载与存储、传输与交流、地图模拟与模型、认知与感受的职责，它主要依靠地图符号、注记与地图整饰，根据制图规范规定的样式传达地理信息。前者侧重于对地理实体空间性和特征性的反映，着重于空间信息与属性信息；后者主要是从形式上对地球表面的自然地理与社会人文各要素作形象直观的描述，侧重实体对象的几何信息，核心为实体的符号化表达，缺乏对属性数据的支持。

地理信息系统脱胎于计算机辅助地图技术，其技术发展同时也对地图制图的技术发展起到推动作用，但从表达地理对象来说，它们具有相同的特质，具有相同的要求及基础。只是在具体应用方面具有不同的范围。但是由于应用的需要等多种原因，在当初的数字化环境下，地图制图与空间数据管理没有能够实现及时的统一与融合，致使后续的发展受到了种种限制，实现制图与数据库的一体化成为了 GIS 界试图解决的重大科技问题。

面对当前地理数据库与地形图产品既相辅相成又各自独立的现状，本章基于地理数据库的一体化地形图制图技术提出了一体化思想，即首先建立基础地理信息数据库，通过该地理数据库衍生出制图数据库，然后借助 GIS 软件的制图表达功能，实现地理数据的符号化表达，从而满足用图者的需求。本章作为地图制图技术的基础理论章节，主要从空间数据库模型、空间数据库驱动的地图表达机制入手，为空间数据库驱动的地图制图技术体系设计奠定理论基础。

一、地理数据库模型

（一）空间数据模型

在现实世界中，地理空间数据模型作为地理实体及其相互之间联系的抽象表达，可以很好地诠释地理空间数据的组织与设计空间数据库模式。根据不同的应用与技术发展，典型地理空间数据模型主要有三种：CAD 数据模型、二维图层数据模型与面向对象的空间数据模型。

（1）CAD 数据模型。该类模型从工程设计制图发展而来，是大比例尺地图制图的核心模型，但不能描述复杂地理要素的属性及相互关系。

（2）二维图层数据模型。该模型是 GIS 系统早期的典型数据模型，例如 Arc/info 的 Coverage 与 shape 格式的图层数据组织均是采用该类模型。该数据模型中的要素均是以统一的方式聚集起来的点、线、面，例如表示国道中线的方式与表示湖泊边线的方式是相同的模型。该模型虽然很大程度地影响了地理信息产业，但是其符号表达能力弱。

（3）面向对象的空间数据模型。该模型是当前主流的 GIS 数据模型，除了定义几何图形和属性外，还可以将地理对象的操作和关系进行定义和描述，比较易于扩展。在该模型中，GIS 数据属性可以定性描述，也可以定量描述，且各属性之间的拓展关系都可以在模型中定义，空间数据拥有丰富的属性信息，所生成的地图精美，属性特征可动态显示，可定义较为生动的特征外形、特征集连续等。

数字制图和地理信息系统是基于人类进行空间认知的两种不同形式的工具，两者在应用目的、输出方式与数据形式等方面确存在一定的差异，两者作用不同，难以互相代替。但是，应该看到，这两类系统的所表达的现实世界是一致的，从而从理论上决定了这两类系统可以紧密地实现关联，从而达到一体化。

（二）制图数据模型

自 20 世纪 90 年代以来，国内测绘部门紧跟国际 GIS 的发展浪潮，开始增加对 GIS 的关注，GIS 应用的拓展开阔了地图的服务领域。但随着 GIS 的蓬勃发展，GIS 日益面临着"数据瓶颈"问题，这大大阻碍了 GIS 的进一步发展。没有基础地理数据的有力支持，就没有 GIS 的用武之地。所以近十年，地图工作者的主要工作任务就是生产地理空间数据，完成基础地理数据库的建设。到目前为止，以 DLG、DEM、DRG、DOM 等 4D 产品为代表的多种国家地理数据库已经建成，并且相关的地理数据标准也已制定完毕。

矢量地形要素数据（Digital Line Graphic，DLG）是地形图基础地理要素的矢量数据集，它具有各要素之间的空间关系与相关的属性信息。DLG 产品是 4D 产品中的重要产品，其工作量巨大、投入成本高、建立和维护最为复杂。

目前，我国已经建成了覆盖全国陆地范围的 1：100 万、1：25 万与 1：5 万三种比例尺的 DLG 数据库。自"十二五"以来，我国实现了对国家基础地理数据库的动态更新与联动更新，且每年都对 1：100 万、1：25 万和 1：5 万的 DLG 数据库进行更新。

数字栅格地图（Digital Raster Graphic，DRG）也是一种重要的基础地理数据，它是对纸质地形图经过扫描、纠正、图像处理和数据压缩形成的数字化产品。目前，系列比例尺地形图已经全部生成了数字栅格图。

（三）一体化数据模型

地理数据与制图数据一体化模型可体现在如下几方面：①采用通用的基础地理要素的分类和编码，能够对地理属性数据进行统一管理；②地图数据和地理建库数据应具有一致性，地理数据库是制图数据的基础；③制图数据和地理数据可以实现联动更新；④制图数据和地理数据关联的同时也可保持独立。

因此，地理数据与制图数据一体化技术实施关键在于以下几层次：首先是其数据模型的统一，解决制图数据和地理数据的统一存储问题；其次是地图符号的智能化，即在统一的数据模型的支持下，可以自动或智能生成地图符号；再次是联动更新，在统一的数据模型的基础上，采用基于要素的增量更新技术实现地理数据与制图数据的联动更新。为达到上述要求，只有设计出统一的数据模型，才能实现基于空间数据库驱动的地图表达的机制及内容。

1：5 万基础数据与地形图数据一体化模型如图 2-1 所示。

二、空间数据库驱动的地图表达机制

（一）地图表达模式

在一般的地图制图系统中，地图表达有关的内容独立于地理数据库，存储在地图文档等类似的过程文件中，包含了诸如图形编辑结果、要素符号化、地图注记配置、地图整饰等精心设计的地图表达效果。而空间数据库驱动的地图表达，是在数字地图制图功能基础之上，通过将相似的制图流程中遇到的诸如符号化等所有内容抽象出来，形成制图模型并存储到地理数据库中，供其他用户制图时重复使用，从而提高地图制图的效率。空间数据库驱动的地图表达过程是 DLM（Digital Landscape Model，数字景观模型）到 DCM（Digital Cartographic Model，数字制图模型）的派生过程。数字景观模型是没有比例尺概念、具有拓扑关系的三维空间数据库。数字制图模型是由数字景观模型生成的，有比例尺概念，且经过符号化、综合取舍和目视化以后的数字地图数据库。

从地形数据更新及后期制图数据生产的角度考虑，现实世界的变化在数据库中体现为地形数据更新的增量。经过地形数据增量更新之后，由于数据库驱动的制图模型具有可重复利用性，所以可以高效地进行地形变化部分的制图更新，方便地得到最新的地图产品，从而实现"地形""制图"两套信息联动更新，共同保持很好的现势性。空间数据库驱动的增量更新制图模式如图2-2所示。

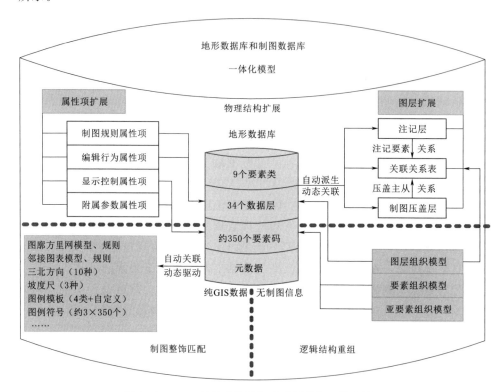

图2-1 1:5万基础数据与地形图数据一体化模型

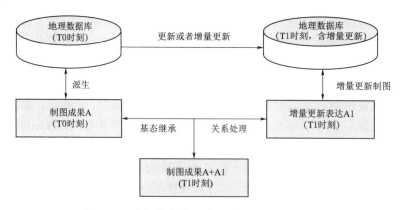

图2-2 空间数据库驱动的增量更新制图模式

空间数据库驱动的地图表达机制容许在地理数据库中存储制图表达信息的同时也可以包括增量更新要素的制图表达结果。在进行更新时，最基本的操作有三类：增加、删除和修改。增量更新会引起要素表达之间的冲突，见表2-1。

表2-1 增量更新制图对基态地图表达的影响

增量分类	引 起 的 冲 突	处 理 方 法
增加	与更新前图形表达冲突或相连、相交关系错误	允许压盖、压断处理；冲突检测后移位
删除	更新前受该要素影响的移位要素恢复原位置	归位
修改	更新前后相互覆盖的要素表达可能产生冲突	若无覆盖，则先删除再增加；若有，保留覆盖修改要素

增量更新制图处理流程如图2-3所示。

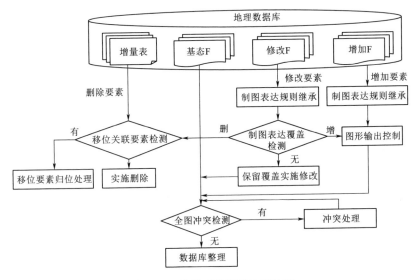

图2-3 增量更新制图处理流程

对于冲突需要检测的情况，可以使用空间关系计算分析方法，确定冲突的空间位置，采用自动或者人机交互方式逐一解决，如图2-4所示。

（二）地图表达内容

在GIS中融入制图功能，首先要实现地理数据与地图表达信息的有机融合，地理数据模型与地图制图表达模型的统一，将地理要素对象的几何位置、属性、拓扑关系及地图表达进行集成，建立制图表达模型。该模型需要基于面向对象的空间数据模型进行扩展而建立，包括物理扩展、逻辑重组、关联关系等，如图2-5所示。通过扩展，可实现地理数据和地图表达的有机融合，不仅有利于

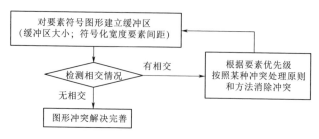

图 2-4 图形冲突检测

地图目标的对象级修改与保存，而且减少了需要保存两个数据库的数据冗余，方便于地图的增量更新与多重表达，便于传统 GIS 扩展地图表达能力。

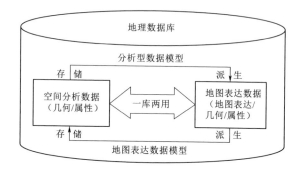

图 2-5 空间数据库驱动的地图表达的数据存储模型

（修改自谢忠等*）

空间分析功能是基于 GIS 的地图制图系统一个巨大的优势。借助于空间分析，可以实现地图注记与地图要素的冲突检测、地图表达管理、符号精细化（快速符号化，计算点、线、面缓冲区，河流渐变符号，虚线实交与虚线拐弯处实线化处理）等。

以层为基本组织单元的制图信息表达，无法完全区分地理信息和制图信息间的差异，无法在要素级别上将两者进行有效的关联，因此，本书从制图的角度表达单个要素的制图特征，即每个地图要素都包含独立的制图信息，每个制图信息又包含所表示图形的几何特征等有关信息。单个地理要素的制图表达模型见图 2-6。

如图 2-6 所示，左侧虚线框表示单个地理要素所包含的地理信息，右侧虚线框表示相应的制图信息。两者相互独立，又相互关联。

* 参考文献：谢忠，韩祺娟，吴亮. GIS 空间数据库的"一库两用"策略研究 [J]. 地理与地理信息科学 2008，24（2）：5-8.

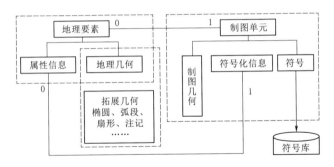

图 2-6　单个地理要素的制图表达模型

一般来说，地理要素与相应的制图信息是共同存在的。特殊情况下，两者也会独立存在，例如在制图综合过程中，有时需要删除不必要的地理要素，那么此时需要将这些要素设置为不显示状态，也就不存在与之对应的制图信息了；有时为了实现特定的制图效果，还需要增加一些与地图要素没有任何关联的制图辅助信息。

由于地理要素和相应制图信息两者之间的关系可由制图数据模型准确描述，因此，本书在更新地理要素的基础上，采用了增量的方式，同步更新与地理数据对应的制图数据，主要流程如下所述：

（1）单个地理要素的更新可分为增加、修改、删除 3 种基本操作，复杂操作是由这 3 种基本操作相互组合而成的，例如地理要素的替换可以由增加和删除两种操作来实现。

（2）首先将感兴趣区域地理要素的更新操作分解为单个要素的操作，然后对每个要素的操作分解为基本操作，最后对相应的地理要素进行更新。

（3）对制图数据进行整体关系协调和图面整饰。在制图数据更新的过程中，需要记录每一步操作，从而制图系统可将这些操作转化为制图增量信息，进而依据这些制图增量信息，实现制图数据的更新转换。

第三章
空间数据库驱动的地图制图技术

从原理上讲，地形图制图数据生产工艺经历了三个阶段：一是模拟测图或编图，前者主要是利用航空摄影测量法直接测绘地形图，后者则是使用大比例尺地图编绘法，采用1∶1万、1∶2.5万等大比例尺的地形图编绘，但是这种方法无法获得实用型数据，很快遭到淘汰；二是通过数字摄影测量或缩编，直接生产地形图，但这种方式适合于大比例尺测图，制图成本高、应用范围窄；三是利用数字摄影测量的方法采集数据，直接利用采集的数据或已有的地理数据库生产地形图，或者采用数据采集与地形图生产同时进行的方式，自数字化时代以来，此类制图模式得到了广泛应用。

面对新形势下测绘地理信息发展要求与当前地形图生产工艺滞后之间的矛盾，本书对地形图制图表达进行了深度挖掘，形成了一套基于地形数据库的地形图制图技术，智能化地实现了多源驱动的地形要素符号化、属性驱动的要素注记配置和元数据驱动的图面整饰，有效地弥补了当前地图生产工艺空白。

基于空间数据库的地形图制图技术具有以下明显优势：

（1）不需要分幅导出数据，也不需要进行投影转换、数据格式转换和坐标转换等工作，也能在地理数据建库成果的基础上直接进行制图。

（2）基于数据库层次的制图表达规则，实现全库快速制图。

（3）能够连续无缝地建立制图数据库，可根据自定义的范围，大批量输出地形图。

（4）能够实现地理数据库与制图数据库之间的紧密关联，使得两库能够同步更新。

（5）不仅可以集成管理地理数据库与制图数据库，不产生数据冗余，而且可以保证两库相对独立，确保地理数据库数据的安全。

（6）不需要跨越多个系统平台，可以制定多种制图的规则，能够实现一套基础地形数据多种制图表达。

本章以地图表达理论为基础，针对数据库驱动的地图制图关键技术，从总体技术框架、要素智能符号化、智能化注记配置以及智能化图廓整饰入手，构建完整的基于空间数据库的地图制图技术体系。具体包括：

（1）空间数据库驱动的地形图制图技术框架。针对新形势下测绘地理信息发展要求与当前地形图生产工艺滞后之间的矛盾，对地形图制图表达进行了深度挖掘，研发了一套基于地形数据库的地形图制图技术。

（2）多源信息驱动的要素智能符号化。从要素属性、压盖顺序、空间分析三个要点切入，通过设计并存储地形图制图配置规则，可以智能化地实现地形要素到地图制图信息的转化。

（3）属性驱动的智能化注记配置。通过制定注记配置规则并将其存储于数据库中，可以利用数据库中的要素属性自动派生出具有支持编辑、静态显示、动态更新特性的地图注记，然后通过设置不同的权重作为避让的优先级或设定冲突时的自动隐藏规则，可以解决注记之间及其与符号之间的压盖冲突。

（4）元数据驱动的智能化图廓整饰。通过构建整饰要素自动生成与配置规则，可以由地形数据库的元数据派生出整饰要素的内容，然后根据算法实时计算得到内外图廓，辅以后台整饰要素素材库支持，最终自动化完成图面整饰。

一、空间数据库驱动的地图制图技术框架

空间数据库驱动的地形图制图技术，基于地理数据，利用一体化模型进行制图数据的存储模型扩展，结合制图专用符号库、字库、图廓整饰库等基础素材库实现制图信息的自动配置和派生，在此基础上，通过智能优化、交互调整，生产出符合国家标准的地形图制图数据，从而实现地理数据与制图数据的一体化存储和管理。

空间数据库驱动的制图技术流程如图3-1所示。

空间数据库驱动的地形图制图技术弥补了当前地形图生产的空白。

（1）可适应当下测绘行业模式。空间数据库驱动的地形图制图，是将属性管理技术应用在了地图制图上，实现了关系数据库支持下的地图编辑操作。基于此技术方法，在传统GIS数据生产流程的后期，完成地理信息数据建库后，可进行符号配置、注记处理、图廓整饰等地图出版处理。

空间数据库驱动的地形图制图，是在已建成地理数据库的基础上，实现地图数据的快速生产，从根本上改变了测绘行业基础地理数据库的建设及更新，其成果摆脱了当前制图数据低效率的生产现状。

（2）可实现"地形""制图"两套信息集成管理、联动更新。在一般的地图制图系统中，图面表达有关的内容独立于地形数据库，存储在类似地图文档等

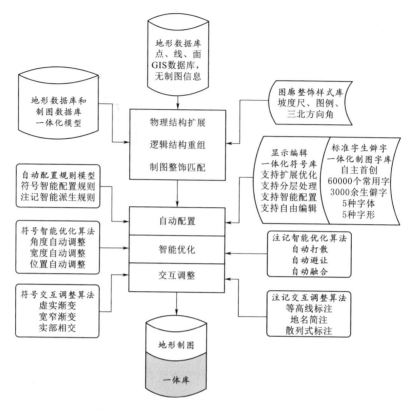

图 3-1　空间数据库驱动的制图技术流程图

的过程文件中，包含了诸如图形编辑结果、地图要素符号化、地图注记配置、地图整饰等精心设计的图面表达效果。地形数据和图面表达信息两者相互独立，无法联动更新。

　　而基于数据库的地形图制图，是在数字地图制图功能基础之上，通过将制图流程中遇到的诸如符号化等所有工作内容抽象出来，形成制图模型并存储到地形数据库中，供制图人员快速地从地形数据库中衍生出全套图面表达内容（图廓整饰、地图符号、地图注记等）。此模型也可在其他制图工程中重复使用，从而提高地图制图的效率。因此，空间数据库驱动的地形图制图，即利用一体化存储模型，将制图数据作为属性信息扩展于地理数据库中，从而实现了地理数据与制图数据的集成管理。

二、多源信息驱动的要素智能符号化

　　地图符号作为地图表达地理空间信息的语言单位，主要是通过符号的视觉变量，传输表达了不同的空间信息，而地图符号库则是描述信息的符号集合。

利用地图符号来表达地理事物的现象是地图的一项基本特征。用图者通过对地图符号的正确解读，可直观地了解地图传达的地理空间信息。

地形要素的符号化，又称地形要素的制图配置，主要是指图面符号及其特殊效果的配置，它是一个利用制图配置规则对地形要素符号化的过程，主要遵循以下两个规则：

（1）严格依据制图规范。现如今，主流的GIS系统的符号库主要有4种设计方式：①通过文本编辑器的文本描述来设计符号库，其缺陷是设计具有事后性；②通过编程语言进行二次开发来设计符号库，该方法对特殊符号的设计具有很好的效果；③利用图形编辑功能来设计符号库，即在符号库中，将符号作为普通的图形块，该图形块追加了相应的符号码等描述项；④通过人机交互的方式来设计符号库，将自定义的简单符号和基本符号进行叠置、缩放、位移，组合得到一系列的复杂符号，例如复杂线型与面状填充符号等，这是目前的GIS软件系统中较为流行设计方式。

为实现完全符合基本地形图图式、编绘规范等国家标准中关于符号配置的精确要求，文章设计了②、③两种方式结合的技术路线来实现地形要素的符号化。对于基本的标准符号，利用图形编辑功能设计符号存入符号库；对于特殊符号，如需要根据要素属性等随机变化的符号，采用二次开发的方式，对符号进行扩展模块设计。

（2）配置符号动态、可编辑。地理数据与制图数据一体化模型、结合具有灵活编辑功能的符号系统，是空间数据库驱动的地图制图和数据集成管理的基础。以往GIS的符号系统往往只能浏览显示，不能或不能很好地提供图面编辑功能；平面图形软件中，蕴含丰富的图面编辑功能，但又不支持与地形数据的联动更新。

在严格依据制图规范的前提下，本书从要素属性、压盖顺序、空间分析三个要点切入，设计了一套基于地理数据与制图数据一体化的数据模型的地形图制图配置规则。该配置规则不仅可以存储于数据库中，而且支持各个制图生产环节对地形要素表达符号的灵活编辑与配置，辅以智能化软件工具，制图人员可以高效、全面、科学、美观地实现多源驱动的地形要素符号化，完成地形要素到地图制图信息的转化。

（一）要素属性驱动的要素符号化

《基础地理信息要素分类与代码》（GB/T 13923—2006）于2006年开始实施，该标准规定了基础地理要素的分类与代码，以数字的形式来标识基础地理要素的类型。目前，该标准已在基础地理数据的采集、管理、更新、分发与产品开发过程中广泛使用，主要包括1：500～1：100万等国家基本比例尺的基础地理数据库的建设与应用，以及各类专业信息系统的基础地理信息公共平台建设，不同系统之间的基础地理信息交换和共享，以及数字化测图、编图与地图更新等。

地理要素的分类与编码开启了"基础地理要素数字编码"的时代，地理要素的各项特征描述被定性或定量地抽象为各个属性，其中最关键的属性项是国标码。

从本体论的角度来看，制图要素和地理要素是两种不同层面的概念。制图要素关注的是现象层，即要素形式；而地理要素关注的则是本质层，即要素内容。两者对空间地物要素的描述方向不同，前者注重空间信息的可视化表达，注重视觉效果；后者注重空间分析和计算。

所以，空间数据库驱动的地形图制图技术，应首先解决数据库中要素内容（即各属性项）和图面上要素形式（即符号表达）两者的对应问题，形成要素属性驱动的制图配置规则。一般来说，图面信息的自动配置多以国标码为关联键，通过对照表或者关联关系实现要素和符号的一一对应关系，将数据库中点、线、面等单调的几何要素变为图面上丰富的地图符号，即单一国标码驱动；而其他属性可看作对要素形式的一些隐性约束，用来细分符号的不同表达形式，如"学校"在要素分类编码上并没有区分等级，大学和中小学对应同一个国标码，因此需要依靠属性项"名称"来区分大学、小学的不同符号形式，即多数据联合驱动。

1. 单一国标码驱动

国标码（GB码）在数据库中具有唯一标识性，可作为配置符号的首选关联键，即符号要素属性驱动配置过程的主键。根据地形要素的抽象几何特征，符号化工作可分为点、线、面三类要素的制图配置，如图 3-2 所示。

OI	GB	TYPE	ANGL	……
1	260700泉水	咸	30	……
2	260800水井	机	Null	……
3	……	……	……	……

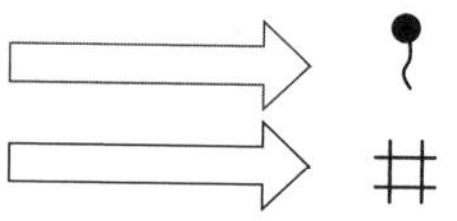

图 3-2 单一国标码

（1）点状要素的配置。点状要素符号属于简单符号，利用图形编辑功能设计即可得到符合国家标准的符号样式。在定位上可灵活设置，如定位在点状要素所在位置或设置一定的位置偏移及旋转角度。

例：1∶50000 地形图点状符号配置效果，如图 3-3 所示。

（2）线状要素的配置。线状要素根据首尾位置、均匀分布、间隔样式、旋转角度、位置偏移等方面，可设置出以下效果，见表 3-1。

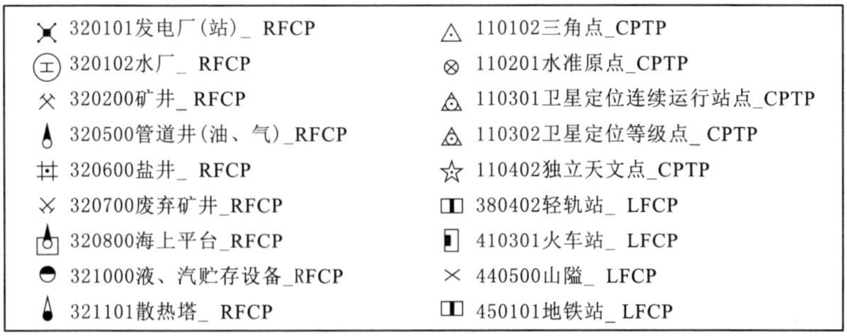

320101发电厂(站)＿RFCP

320102水厂＿RFCP

320200矿井＿RFCP

320500管道井(油、气)＿RFCP

320600盐井＿RFCP

320700废弃矿井＿RFCP

320800海上平台＿RFCP

321000液、汽贮存设备＿RFCP

321101散热塔＿RFCP

110102三角点＿CPTP

110201水准原点＿CPTP

110301卫星定位连续运行站点＿CPTP

110302卫星定位等级点＿CPTP

110402独立天文点＿CPTP

380402轻轨站＿LFCP

410301火车站＿LFCP

440500山隘＿LFCP

450101地铁站＿LFCP

图 3-3　点状符号配置

表 3-1　　　　　　　　　　线 状 要 素 配 置

配置效果	效 果 说 明	样 式 示 例
起止设定	通过设定有向线头部、尾部的裁切值或者扩张值，来实现线状符号的裁切、外扩效果	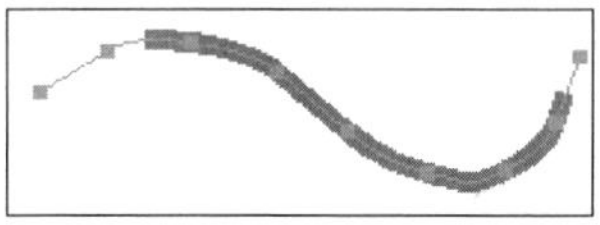
间隔样式	通过设定某一细节样式的重复频率，实现固定细节间隔分布的效果。多用于境界、铁路等实虚相间效果的线状符号	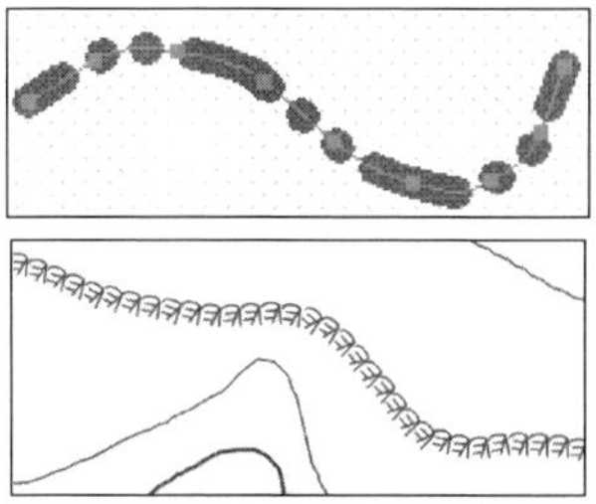
向下偏移	通过设定 X 或 Y 方向的位移偏移量，实现符号与要素原始位置的分离。可用于隧道等双线符号的下边线	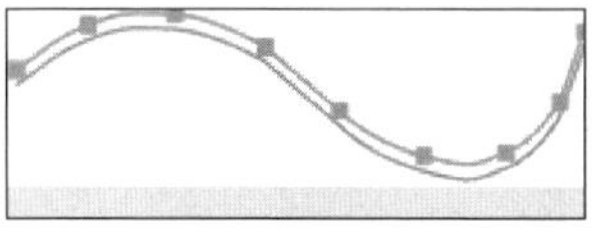
向上偏移	通过设定 X 或 Y 方向的位移偏移量，实现符号与要素原始位置的分离。可用于隧道等双线符号的上边线	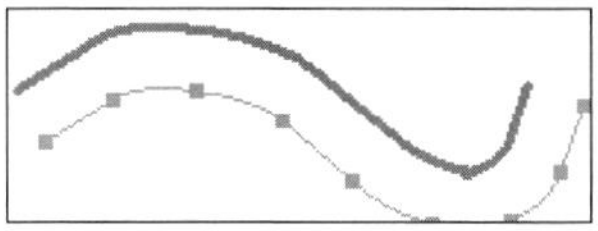
中心旋转	通过设定旋转角度，使符号整体沿中心旋转一定的幅度	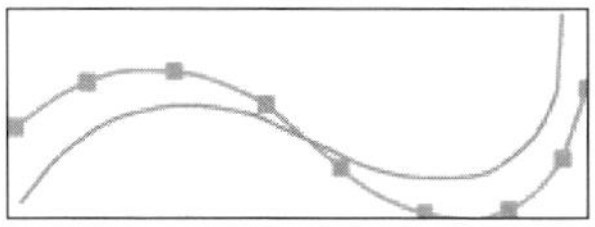
收缩变换	通过设定收缩比例，实现符号的整体缩放	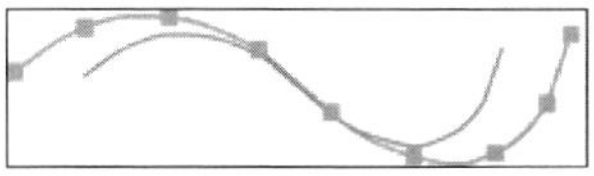
平滑处理	通过设定弯曲角度，舍弃小于该角度的弯曲，减少符号的细节特征	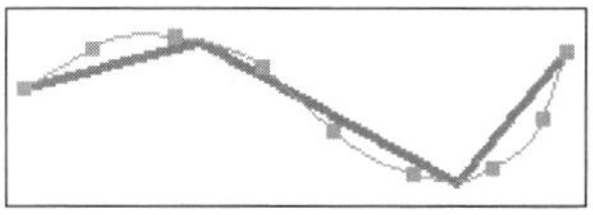

配置效果	效 果 说 明	样 式 示 例
裁弯取直	去掉所有弯曲细节，将首尾连成一条直线	
波浪线形	通过设定起伏程度、疏密间隔，设定不同的波浪形状	
缓冲区	通过设定缓冲区范围，向线形四周一定范围内填充符号	
闭合填充	将曲线填充为凸多边形	
渐变效果	通过设定首尾处符号宽度，实现均匀连续的渐变效果，多用于地面河流渐变	
末端封口	线要素封口设置分为闭合、方形、圆形三种，地形图制图中普遍使用闭合式封口，确保实际地物长度。多用于境界线、线状堤或坎等	

（3）面状要素的配置。面状要素根据边线样式、填充效果、旋转角度、位置偏移等方面，可设置出以下效果，各效果可以叠加组合使用，见表3-2。

表 3-2　　　　　　　　　　　面 状 要 素 配 置

配置效果	效 果 说 明	样 式 示 例
闭合设置	通过设定多边形开口方向及大小幅度，来设置边线的闭合效果	
间隔样式	通过设定某一细节样式的重复频率，实现固定细节间隔分布的边线效果。也可以点状符号作为重复的样式	

配置效果	效 果 说 明	样 式 示 例
边线外扩	通过设定偏移量，向外扩张绘制边线	
边线收缩	通过设定偏移量，向内收缩绘制边线	
裁弯取直	保留整体特征，形成新的多边形	
位置偏移	通过设定 X 或 Y 方向的位移偏移量，实现符号与要素原始位置的分离	
缓冲区	通过设定缓冲区范围，向线形四周一定范围内填充符号	
中心旋转	通过设定旋转角度，使符号整体沿中心旋转一定的幅度	
收缩变换	通过设定收缩比例，实现符号的整体缩放	
简化处理	去掉部分节点，简化多边形轮廓	

续表

配置效果	效 果 说 明	样 式 示 例
平滑处理	通过设定弯曲角度，舍弃小于该角度的弯曲，减少符号的细节特征，但保留特征信息	
波浪线形	通过设定起伏程度、疏密间隔，设定不同的波浪形状边线	
面内部填充	设计了品字型填充和随机填充两种形式，多用于植被面、土质面等	
面边界填充	设计了在边界处裁断、不显示两种形式的填充符号，多用于沼泽、植被面等	

2. 多属性联合驱动

描述地形要素的其他属性——角度、名称、长度等可作为次要关联键，即符号要素属性驱动配置过程的辅键，辅助细化符号样式的细部特征。如泉水符号，加入角度属性后，得到符合实地走向的符号配置效果，见图3-4、表3-3。

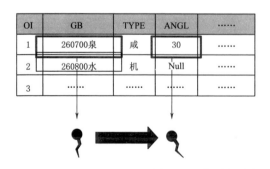

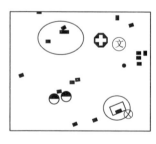

图3-4 多属性联合配置

表 3 - 3　　　　　　　　　　　多属性联合配置规则

规则类型	规则描述	适用要素
点符号角度	角度随属性值实时变化	散列式居民地、泉、火车站等
等级道路配置	根据道路技术等级配置不同道路符号	高速公路等
1：M 符号设置	同一个 GB 码在图式中可找到多个对应符号时，应根据其他属性确定最终符号效果。如学校符号需另外根据"名称"属性来区别大学、中小学等	学校（大学、中小学）、船闸（通车、不通车）等

（二）压盖顺序驱动的要素符号化

基础地理信息数据在数据表达上要求完整性、连续性、一致性，而地形图制图数据则刚好与之相反，为了图面清晰易读，在相交处要求断开、移位表示。地图制图数据不同的要求，使得地理信息数据在转换成地形图制图数据以后，需要根据要素的图面压盖关系调整要素绘制的顺序。

图面压盖效果可通过图层级、要素级、符号级三个层次的绘制顺序来配置。

1. 图层级压盖顺序的驱动

信息源的地形数据是单纯的点、线、面几何要素，在一般的 GIS 中初始显示时，各类矢量要素杂乱无章地堆放于图面，即使配置了符号，如果不区分上下顺序、确定绘制优先级，也会造成大量要素互相重叠无法显示，使得图面混乱无章。因此，配置符号后的制图数据，首先应进行图层级压盖顺序的调整。

图层级压盖顺序调整的基本原则为点、线、面要素自上而下排列。在同一类几何要素中，又应遵循虚拟要素压盖实体要素、人工要素压盖自然要素的原则。例如，线状要素要按照境界线、道路、河流、植被与地貌等顺序自上而下叠置。图 3 - 5 展示了原始地形图数据→初始符号化制图数据→图层级顺序调整后制图数据的效果对比。

2. 要素级压盖顺序的驱动

在制图数据生产过程中，同一图层内部各要素之间也存在显示顺序问题。通过数字标识不同要素的权重，可指定其优先级，从而确定同一图层中要素级的压盖顺序。

如对于道路层中高速、国道等不同等级道路之间错综复杂的压盖关系，标识各等级道路权重后，使双线高等级道路在上层显示，要素级压盖顺序调整前后效果如图 3 - 6 所示。

3. 符号级压盖顺序的驱动

某些要素对应的符号较为复杂，一个符号整体往往由多个层次叠加形成最

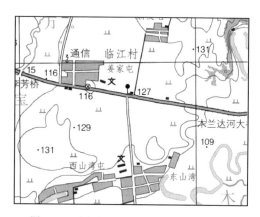

图 3 - 5　图层级压盖顺序调整效果图

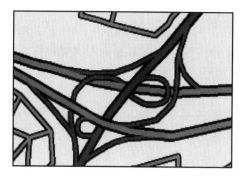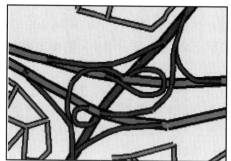

图 3 - 6　要素级压盖顺序调整前后效果对比

终的效果，内部符号上下级的关系决定了现实效果的正确性。为使地图表达质量满足地图图面显示的要求，要素内部符号级的顺序也需要合理配置。这一点在面状地物要素中尤为突出，如植被，其点状填充符号、普染色、地类界三者的顺序应该是：地类界、填充符号、普染色自上而下排列。图 3-7 所示为面状河流符号的填充色和边线上下位置调整前后对比。

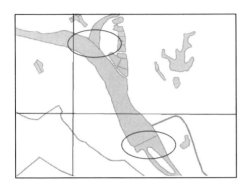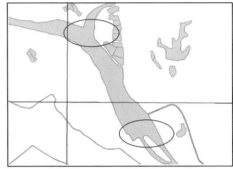

图 3-7　符号级压盖顺序调整前后

（三）空间分析驱动的要素符号化

空间分析是 GIS 的核心，是 GIS 区别于一般信息系统、一般数据库系统或者电子地图系统的主要标志之一。结合空间数据的属性信息，地形数据库可以支持空间分析，提供丰富的空间数据查询功能。由此可见，基于数据库的地形图制图系统还有一个很大的优势，就是可以使用空间分析等手段，通过深入挖掘数据隐含信息、空间相关性，在数据运算和分析的基础上，优化图面的制图配置结果。这些分析手段包括缓冲区分析、叠加分析、网络分析等。

在充分挖掘地形数据蕴含的空间信息的基础上，设计了一系列基于空间拓扑关系的自动化制图表达优化算法，由此形成了一套精细而有针对性的空间分析驱动的配置规则，包括沿线的配置点状符号的朝向、调整点状符号宽度、计算多边形主方向、创建火车站站线等辅助设施符号、虚线实交与虚线拐弯处实线化处理、根据指定光照角度设置阴影效果等，实现了利用 GIS 空间分析的功能来进行图面优化的目的，如图 3-8 所示。

1. 缓冲区分析驱动

缓冲区分析可以搜索到点、线、面等地理实体周围一定范围内的地物，可以利用邻近度描述搜索结果与地物要素的关联程度。比如，线状交通类地理要素沿线的地物或者面状地物（如公共图书馆）的服务半径等都是一个邻近度问题。

因此，通过对某一地物进行缓冲区分析，可以确定一定邻近度范围内是否有影响该地物的其他要素存在，此类分析对于点状要素配置规则的优化完善具

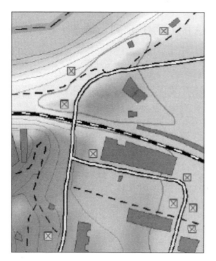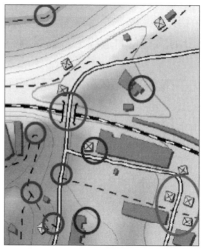

图3-8 空间分析优化前后图面效果对比图

有重要意义。例如，居民点距离道路河流等过近时，自动调整居民点位置，避免居民点压盖线状地物。缓冲区分析配置规则见表3-4。

表3-4 缓冲区分析配置规则

规则类型	规 则 描 述	适 用 要 素
点要素位置	调整点状要素符号的位置，使之与周边地物要素相适应，解决符号化引起的图面冲突问题	独立地物、散列式居民地等
要素压盖	处理同色地物符号之间的压盖关系，使不同符号保持0.2mm间隔	多层数据间如冲沟与等高线、河流与沼泽

图3-9中，分别建立2个点状房屋要素缓冲区后，可判断出与邻近道路压盖，因此沿道路法线方向自动重新配置点状房屋位置，使两者间保留0.2mm

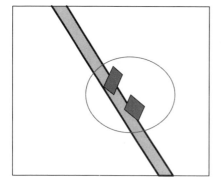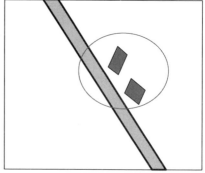

图3-9 房屋自动避让道路

间距。

为避免和道路冲突，图3-10中点状符号从空间数据的灰色点位置，改为配置在现有位置。

2. 叠加分析驱动

对于涵洞、不依比例尺输水隧道及桥梁等要素，其符号具有方向性。但是，基础地理信息数据并未表示这类要素的方向，在制图数据生成时无法自动确定方向。因此，在制图数据的生产中，这类要素的符号方向只能根据与其相关的道路、水系要素等通过计算或推断得到。

通过相关地物图层之间的叠加分析，可判断出两层地物之间的从属关系，从而进行图面调整。考虑到空间

图3-10　避免要素相互冲突

地物的相关性和附属性，实际生产时，在空间匹配上可针对具有明显相互关联或附属关联的重要地物目标进行搜索匹配，例如水闸的角度与所通过河流的流向有关，桥梁的角度及宽度与所附属道路有关联等，见表3-5、图3-11～图3-14。

表 3-5　　　　　　　　　　叠加分析配置规则

规则类型	规则描述	适用要素
点要素角度	调整点状要素符号的角度，使之与相关地物要素相适应	公路桥与公路、收费站与公路、水闸与单线河等
附属要素宽度	调整点状要素符号的宽度，使之与相关地物要素相适应	交通附属设施、水系附属设施等

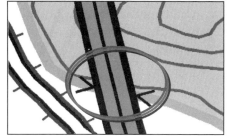

图3-11　涵洞角度、宽度依据道路、河流自动调整

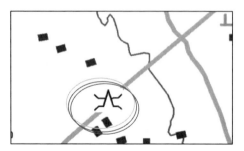

图 3-12　水闸方向依据河流自动调整

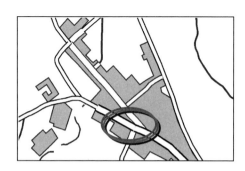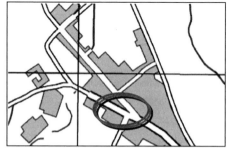

图 3-13　街道相交自动处理

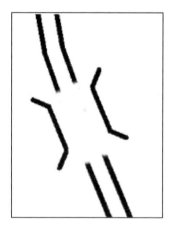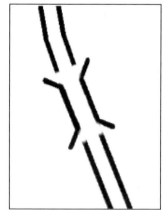

图 3-14　桥梁宽度依据道路自动调整

3. 网络分析驱动

以河流渐变配置为例，在水网发达地区设置河流的渐变效果往往是编图的主要工作量所在。而且单独对每条河流进行逐一渐变，易产生误操作，造成主流支流关系不明确，甚至河流逆流的图面错误。

利用地形数据库数据全面、无缝连续存储的优势，可以实现大范围的网络分析，例如通过河流骨架线构建水网，结合河流等级代码，对不同流域的河流配置其河流渐变效果，从而避免误操作，快速得到符合图面要求的河流简便效果。

其他网络分析配置规则列举见表 3-6、图 3-15～图 3-17。

表 3-6 网 络 分 析 配 置 规 则

规则类型	规 则 描 述	适 用 要 素
河流流域渐变	数据库中水系无缝存储，构网后可结合河流等级，按流域设置渐变效果	单线河流、时令河、河道干河等
相交线接头	相连的线状地物，交叉接头处进行融合性配置，以保证地物的连通性	渠道、公路相交或连接等
制图调节点	在相交处、转弯处设置制图调节点，以保证虚线符号的实部相交、道路连通、图面美观	大车路、小路、境界、时令河、干河等

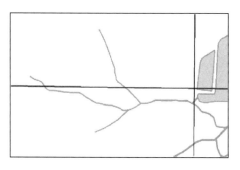

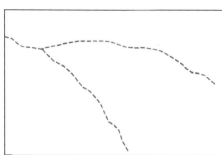
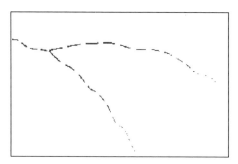

图 3-15 河流符号（宽度、虚实）自动渐变

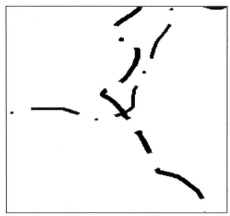

图 3-16　境界线实部相交

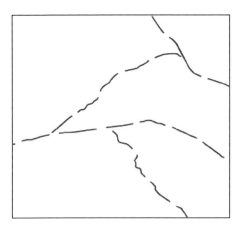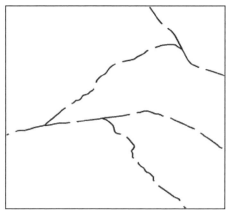

图 3-17　道路实部相交

三、属性驱动的智能化注记配置

地图注记作为地图信息传输的语言，对地图符号起着说明和补充作用，提升地图的可读性和转译性。但是，地图注记是一项十分复杂和繁琐的工作，进入数字化时代后，关于地图注记的研究颇多，但还没有一套成熟的基于数据库的注记派生算法。因此，如何对地图注记进行智能化配置，是影响和评定地形图制图系统优劣的重要指标。

本书首先制定了注记配置规则并将其存储于数据库中，然后利用地理数据库中的属性数据自动派生出具有可编辑、静态显示（静态存储为要素类）、联动更新（通过与地理要素关联）特性的地图注记，最后通过设置不同的权重作为避让的优先级或设定冲突时自动隐藏规则，解决了注记之间及其与符号之间的压盖冲突问题。该技术不仅智能化地实现了要素属性驱动的要素注记派生及定位，而且逻辑性地解决了注记显示冲突问题，提高了地形图制图的美观性、高效性。

（一）要素注记的智能化派生

遵照图式规范，根据地物特点和要求，为各种类型的注记配置了相应的字号、字体（同时包括加宽、斜体、加粗、耸肩、阴影、光晕、背景等效果）、字色、间距等，同时顾及了注记方向，设计了不同的分布规则和字头朝向，形成了雁行字体、屈曲字体等特殊效果，并将它们作为注记配置模型存储于数据库中。各类要素注记样式如图 3-18 所示。

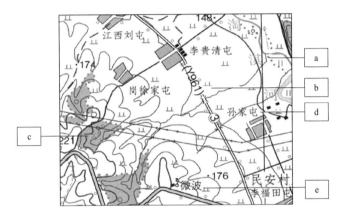

图 3-18　要素注记样式

a—河流名称：沿着线状河流散列分布、字头朝上——雁行字列；b—道路编码：
沿着线状道路分布、字体垂直于道路——屈曲字列；c—植被性质说明注记：
位于面域中心、字头朝上；d—居民地名称：位于地名采集点位置、
字头朝上；e—居民地性质说明注记：地物右侧、字头朝上

充分考虑地名注记与地物要素的关系，完整表达图面所需的注记信息是地形要素注记派生的首要问题。根据显示内容的不同，地图注记可分为属性标注、固定标注和混合标注三种类型。

1. 属性标注

利用预先存储于数据库中的注记配置模型，由要素单个或多个属性派生出图面所需的注记内容，极大地减少了人工配置工作量，同时避免了误操作的可能，彻底解决了注记配置的错漏问题。如泉水，根据其 TYPE 属性，可派生出其说明注记"咸"，如图 3-19 所示。

2. 固定标注

注记配置模型中，可设计并存储一套规则，用于解决固定内容的性质说明

OI	GB	TYPE	ANGL	……
1	260700泉水	咸	30	……
2	260800水井	机	Null	……
3	……	……	……	……

图 3-19 要素属性标注

注记的派生问题。某些地形要素具有特定标注要求，无论属性内容是否存在，均按照固定内容标注。如抽水站，不论其属性内容是否存在，右侧均应注出"抽"字，如图 3-20 所示。

OI	GB	TYPE	ANGL	……
1	260700泉水	咸	30	……
2	270300抽水站	机	Null	……
3	……	……	……	……

图 3-20 固定标注

3. 混合标注

混合标注需借助于脚本语言，定制出属性及固定字符联合标注的配置规则。例如等级道路编号的标注，需读取 RN 属性项内容，并在两侧增加括号样式形成最终标注内容，即当 RN 为"G4"时，最终标注内容为"（G4）"。

但是，无论采用何种标注方式，都会遇到生僻字的问题，它是数字化测绘体系建立以来始终未能完全解决的一个技术难题，更是困扰地形图制图生产的技术瓶颈。本书研制成功了标准字与生僻字一体化的制图字库系统，一体化解决了测绘字库的字形、字体、生僻字等难题，可以在国家基础地理数据库的生产、应用、服务等方面得到全面应用，如图 3-21 所示。

该字库系统统计汇总了国家级基础地理信息数据库所涉及的全部生僻字，总数约三千余个，进行了造字处理，配套设计了相应的生僻字输入法，并将之整合融入标准的 Windows 字库，首次创建了测绘行业字库系统。该字库系统覆盖了约 60000 个标准汉字、约 3000 多个生僻字，包括粗等线体、中等线体、细等线体、仿宋体、宋体等 5 种字体和正常字形、长体、扁体、左斜、右斜和耸肩等 6 种字形。

（二）要素注记的智能化定位

地形要素注记的定位应满足读者的读图习惯，遵循约定俗成的顺序法则，同时又要避免定位后产生的图面冲突和注记互相压盖的情况。因此首先建立了注记与要素属性的关联关系，然后制定了一套定位法则存储于注记配置模型中，

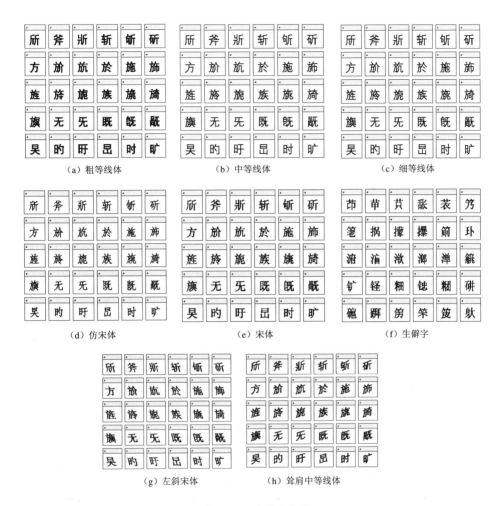

（a）粗等线体　　　　　　（b）中等线体　　　　　　（c）细等线体

（d）仿宋体　　　　　　　（e）宋体　　　　　　　　（f）生僻字

（g）左斜宋体　　　　　　（h）耸肩中等线体

图 3-21　生僻字字库

最终合理高效地实现了要素注记的智能化定位。

地形要素的注记可分为位置的安放和方向的配置两方面内容，本书将从点、线、面三类要素的注记配置进行探讨与分析。

1. 点状要素注记的定位

为表明注记与点状要素的从属关系，可将标注安置于点符号四周 0.2mm 处。具体定位顺序可根据 9 宫格模型来确立，如图 3-22 所示，点状要素四周区域有 8 个位置可用以安放注记，通过制定不同方格的优

图 3-22　注记顺序规则

33

先级别，可实现标注顺序的规则设置。

根据属性指定的旋转角度，注记可旋转后沿法线或切线方向标注。

2. 线状要素注记的定位

线状要素注记的定位规则更为丰富，可分为以下 8 种类型，见表 3 - 7。

表 3 - 7　　　　　　　　　　线要素注记定位规则

规则类型	规则描述	样式示例
线上水平摆放	字头始终朝北，注记中心位于线上	
沿线切向摆放	字体走向沿着线的切向，注记中心位于线上	
沿线法向摆放	字体走向沿着线的法向，注记中心位于线上	
沿线弯曲摆放	字头随着线的弯曲而旋转，注记中心位于线上	
线侧水平摆放	字头始终朝北，注记位于线侧一定距离	
线侧切向排放	字体走向沿着线的切向，注记位于线侧一定距离	
线侧法向摆放	字体走向沿着线的法向，注记位于线侧一定距离	
线侧弯曲摆放	字头随着线的弯曲而旋转，注记位于线侧一定距离	

3. 面状要素注记的定位

面状要素注记一般定位于面的内部，可分为以下 3 种简单类型，在这 3 种简单类型基础上，也可实现重复标注等复杂设置，见表 3-8。

表 3-8　　　　　　　　　　面要素注记定位规则

规 则 类 型	规 则 描 述	样 式 示 例
水平摆放	字头始终朝北	Horizontal
斜线摆放	字头统一倾斜一定角度	Straight
弯曲摆放	注记词组中每个字字头方向不同	Curved

（三）要素注记冲突的智能化解决

1. 冲突消除原则

基于数据库的注记配置模型，可存储冲突解决规则，提供注记冲突的解决方案，规则具体包括：设置 feature class 的权重来确定注记的层叠关系；设置相邻注记的最小间距；设置是否允许注记压盖；是否删除重复注记等。

另外，类似于要素的自动综合功能，在比例尺缩放过程中，或者地图显示范围的变化过程中，为了突出重点注记，产生了一系列注记的自适应规则。从而实现在注记稠密的地方隐藏部分注记提高地图的可读性，在无法放置注记的情况下减小字号或字距以适应要素范围，对注记进行简写显示、自动换行等，见表 3-9。

根据冲突解决规则，进行注记自动避让及压盖处理等优化后，调整结果60% 可达到规范要求。

2. 冲突解决智能化

传统地形图制图中，雁行字列、屈曲字列注记的配置与其对应的地物要素空间特征有关。对于散列化的屈曲字列中的每个字均需进行移位及旋转两步编辑；对于重复标注的注记则需要复制后移位处理，人工干预性强、制图效率低下。

表 3 - 9 注 记 冲 突 解 决 规 则

规则类型	规 则 描 述	适 用 要 素	示 例
相同标注融合	对多段首尾相连的要素，其名称相同，只标注一次于最优位置	多段首尾相连的街道、河流名称等	
注记的压盖	注记压盖同色地物符号时，需断开地物符号	交通、独立地物、公里网等	(S101)
简注规则	若图内容纳不下注记，用简注替代	博物馆、图书馆等场馆名称	

针对以上重复工作量大的现象，基于数据库驱动的地形图制图，结合地形数据几何特征，进行空间和非空间数据的联合运算，形成了关于屈曲字列、雁行字列的特殊配置规则，具体见表 3-10。如山脉、河流名称应沿着山脉、河流的走向分布，其标注内容从非空间数据的属性项中提取，而注记定位则与要素实体的几何特征相适应。

表 3 - 10 基于空间位置的注记配置规则

规则类型	规则描述	适用要素	示 例
地名散列化（屈曲、雁行字列）	针对谷地名、河流名、山脉名等，突出地物的分布及走向	山脉、山谷、海湾、河流、街道名称等	
线状重复标注	对较长的线状要素的重复标注，合理避让其他地物要素	铁路、公路、河流名称等	
等高线高程值	自动读取计曲线高程；自动压盖标注；自动计算注记方向，朝向山头方向标注	等高线	

四、元数据驱动的智能化图廓整饰

传统分幅地形图制图生产过程中，每幅图的图廓整饰需要单独完成，大多通过手工方式配置，人工干预性强、制图效率低下。因此，本书首先通过构建整饰要素自动生成与配置规则，由地形数据库的元数据派生出整饰要素的内容，然后依据国家标准图式规范对其定位，辅以后台整饰要素素材库支持，最终得到图面图廓整饰效果，在数据库层次上自动化批量化地实现了整饰要素的自动生成与配置，见表3-11。

表 3-11 　　　　　　　　　整饰要素的配置原则

规则内容	说　　　明
派生内容	图名、图廓、接图表、图例、三北方向、坡度尺、图解和文字比例尺、坐标系名称、等高距、高程基准、编图单位、编图时间和依据
派生方式	地形数据元数据驱动的派生
定位规则	以外图廓为基础，参照国家标准图式要求
后台支持	图廓整饰素材库，含10种三北方向角、3种坡度尺、4种图例基础模板等

（一）整饰要素的自动派生

整饰要素是一组为方便使用而附加的工具性图表和说明性内容，工具性图表包括图例、图名、图号、接图表、图廓间要素、分度带、图解和文字比例尺、坡度尺、三北方向、附图等要素。说明性内容包括编图及出版单位、成图时间、地图投影、坐标系、高程系、编图资料说明和资料略图等内容。

地形数据库中存储的元数据，对地形数据进行了详细描述。从元数据中读取出相关记录，通过派生规则映射至图面，具体映射关系如图3-23所示，实现了整饰要素基于元数据驱动的自动派生，极大地提高了整饰的自动化程度。

（二）内外图廓的智能派生

在数据库驱动的地形图制图过程中，元数据驱动的自动派生是针对图外整饰要素的，而地形图内外图廓的生成则是根据算法实时计算得到的。内外图廓实时计算可以避免以往传统地理信息系统中反复存储图廓要素造成的数据冗余，也可以避免对已存储图廓信息的误修改。通过完善的生成算法，可精确生成各比例尺地形图内外图廓，自动化程度达到95％。具体内容见表3-12。

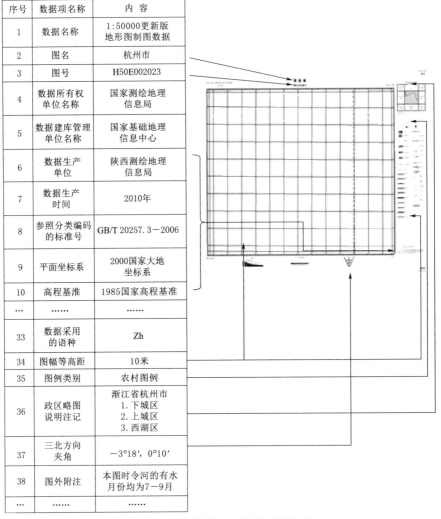

序号	数据项名称	内　容
1	数据名称	1:50000更新版地形图制图数据
2	图名	杭州市
3	图号	H50E002023
4	数据所有权单位名称	国家测绘地理信息局
5	数据建库管理单位名称	国家基础地理信息中心
6	数据生产单位	陕西测绘地理信息局
7	数据生产时间	2010年
8	参照分类编码的标准号	GB/T 20257.3—2006
9	平面坐标系	2000国家大地坐标系
10	高程基准	1985国家高程基准
…	……	……
33	数据采用的语种	Zh
34	图幅等高距	10米
35	图例类别	农村图例
36	政区略图说明注记	浙江省杭州市 1.下城区 2.上城区 3.西湖区
37	三北方向夹角	−3°18′, 0°10′
38	图外附注	本图时令河的有水月份均为7—9月
…	……	……

图 3-23　元数据与地图的映射关系

表 3-12　　　　　　　　　　图 廊 生 成 算 法

图 廊 算 法	说　　　明
自动投影变换	从地形数据的经纬度坐标系转换为高斯投影后的大地坐标系
坐标系统及分幅转换	对于不同坐标系实现自动转换，如 80 坐标转换至 2000 坐标，80 分幅转换至 2000 分幅
图面旋转与地图定向	将地形数据映射到图面后，需进行坐标北和真北方向的转换，同时保证图面注记的字头朝上效果不变
图廓内容生成	自动计算方里网及注记、内外图廓线、磁北线、图廓标注等信息，创建标准地图框架

第四章
空间数据库驱动的制图系统设计与开发

进入计算机辅助制图时代后，地理信息系统功能日渐强大，各类图形处理软件等被引入测绘行业，实现了制图的半自动化。较古老的手工地形图制图工艺来说，生产效率已经大大提升。当前国内测绘行业地形图制图生产主要采用以下三类软件系统。

（1）平面图形制作软件（如 CorelDraw、Illustrator 等）。图形编辑功能较强，制图艺术效果较好；不支持地理坐标，不能直接处理 GIS 数据；生产的数据是纯图形数据，不能用于 GIS 分析，制图配置自动化程度低；对地形数据库和制图数据库更新需分别进行等。

（2）数字制图软件（MicroStation、MapCAD、方正智绘、AutoCAD、MapStar 等）。可利用 GIS 数据文件进行符号化、编辑生成制图数据文件，但不支持基于国家基础地理数据库进行制图，符号化配置和制图处理自动化程度不太高，地理数据和制图数据分别存储，关联不紧密，耦合度较低，更新工作量大，较难满足国家基础地理数据库一年一版动态更新的要求。

（3）GIS 软件。具有制图功能，对于专题图、简单要素图、大比例尺图和制图要求不高的图可完成，而对于 1∶5 万等中小比例尺地形图尚缺成熟实用的软件系统。

总体而言，现有的软件、平台都不够成熟，传统地形图制图工艺不能建立原始地形数据和符号化制图数据间的有效联系、实现两套数据的集成管理与联动更新，而且数据库驱动的地形图制图技术应用尚不成熟，国内外均缺乏针对实际工程应用的解决方案和软件系统，造成国家中小比例尺地形图制图生产效率低、成本高、现势性远远滞后于基础地形数据的现状。

为解决上述问题，本章以空间数据库驱动的地图制图技术为基础，从需求分析和设计原则、系统总体设计、软件系统开发研制三个层面，介绍了基于空间数据库的地图制图系统的设计与实现。

首先介绍了新形势下地形图生产更新技术与当今测绘地理信息发展要求之间的矛盾，折射出时代对空间数据库驱动的地形图制图系统的迫切需求；然后阐述了系统设计的四项要求，即空间数据库驱动的地形图制图、支持多用户并发作业、提供完备的编辑功能、保证地理数据的安全，表达了系统设计的科学性和严谨性。

其次，从地形图系统总体设计的角度，介绍了系统基本功能、体系结构和环境搭建情况，紧扣国家基本地形图制图数据快速生产、集成管理、同步更新的主线，详尽地解释了系统设计的系统性、科学性、完备性。

最后，对地形图制图系统的界面、组件式制图符号系统、基础地理信息生僻字库、管理端、生产端、质量控制等六大模块，分别进行了理论阐述和实践验证，印证了空间数据库驱动的地形图制图系统的实用性和普及性。系统基于现势性强、可靠性高、更新速度快的基础地理信息数据库，辅以智能化的组件式制图符号系统和完备性的基础地理信息生僻字库，配备管理端、生产端自动化/半自动化工具，设置严谨的质量控制模块，可以智能化地实现基础地形数据向制图表达信息的转换，创新意义明显。

一、制图需求分析与设计原则

面对新形势下地形图生产更新技术与当今测绘地理信息发展要求之间的矛盾，以及基础地形图数据库的完备性，本书利用空间数据库驱动的地形图制图与集成管理技术，结合国家基本比例尺地形图制图与数据建库的实际需要，研发了空间数据库驱动的制图生产与集成管理系统，用以智能化地实现地形图的生产、地理数据与制图数据的联动更新、标准纸质地形图打印准备等。

地理数据库的地形图制图系统设计与实现过程，应遵循以下四个原则。

（1）基于数据库驱动的地形图制图。设计地形数据与制图数据的一体化数据模型，利用数据库驱动的地形图制图技术生成制图数据，并将地形数据和制图数据连续无缝存储于同一数据库中。实现两套数据之间要素级、符号级和注记级的关联，有效维护两套数据的一致性，实现制图数据与地形数据的同步更新。

（2）支持多用户并发作业。考虑到测绘行业目前并发式的生产模式，生产系统应当满足企业级制图生产环境的要求，从功能上和性能上满足大规模、多用户并发作业的要求。

（3）提供完备的编辑功能。利用该系统，绝大部分地图符号的配置、注记的派生与图廓的创建等制图编辑工作可以自动完成，少部分地图符号需要人机交互编辑，并且也配置了相应的智能化工具，从而极大地提高地形图的生产效率，同时有效地保证制图数据成果的质量。

（4）保证核心地理数据安全。在制图生产过程中，制图作业员不可更改

（添加、删除、修改空间或属性信息）原始地理数据，原始地理数据只能由制图系统管理员来维护，从而保证了数据安全。

二、制图系统总体设计

针对国家基础地理信息数据库的技术现状，结合国家基本地形图制图数据快速生产、集成管理、联动更新的实际需要，提出了空间数据库驱动的地形图制图系统总体设计思想，如图 4-1 所示。

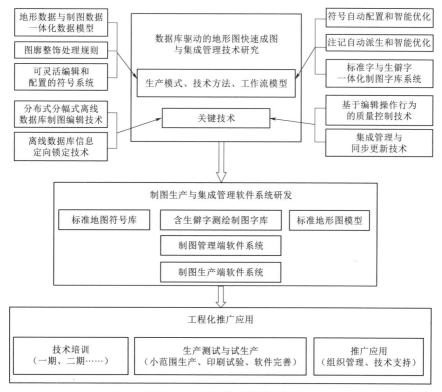

图 4-1　系统总体设计思想

系统制图步骤如下：

（1）利用空间数据库驱动的制图技术，可自动配置地图符号，实现地形图的快速生产。

（2）对自动配置的地图数据进行交互式制图编辑，生成符合图式规范的制图数据成果。

（3）利用地理数据和制图数据的一体化存储管理模型，建立大区域连续无缝、一体化存储管理的制图数据库。

（4）将地理数据和制图数据的紧密关联，利用地理数据库的增量更新信息，实现两种数据库的快速联动更新。

（5）利用地形图制图数据库，快速提取印前数据并处理，提供纸图打印或印刷。

（一）基本功能

基于我国已有的地理数据库，空间数据库驱动的地图制图系统应按照数据库建库→地形图制图→集成管理→快速联动更新的流程进行设计，基本功能如下。

（1）一体化存储，两库紧密关联，减少数据冗余，保证两库的高度一致性。

（2）大区域数据库的符号自动化配置。

（3）对制图符号的编辑，不改变地形数据库。

（4）地理数据与制图数据联动更新。

（5）可根据需要提供服务，定制输出制图数据或印刷。

（二）体系结构

地形图生产制图软件客户端是针对地形图编制生产特点，面向制图作业员开发设计的。在制图编辑和生产过程中，为最大限度地提高自动化水平，研发了大量的自动化/半自动化编辑工具，且人机交互界面友好、操作便捷。整个系统框架可分为管理端和生产端两部分。

（1）管理端。面向制图系统管理员，能够实现空间数据库驱动的地形图快速生产、以分幅的方式批量创建离线数据库、定向锁定离线数据库的信息、离线数据库向制图数据库的导入，以及地理数据与制图数据的集成管理等。

（2）生产端。面向制图生产的作业人员，提供大量自动/半自动化工具和友好人机交互界面，绝大部分的符号配置、注记派生与图廓创建等编辑工作可自动实现，少部分要求人机交互编辑，且编辑操作也配置了智能化工具，极大地提高了地形图的生产作业效率，满足了地形图出版印刷和统一建库管理的要求。

在制图系统管理员做好数据准备、定义制图作业、检出制图数据后，整个生产流程就进入到制图生产环节。该环节的所有工作和流程均由制图作业员执行，使用客户端提供的自动化/半自动化工具，完成基础准备、制图预处理、高级制图、冲突检查、制图编辑、地图注记编辑、元数据管理、质量控制和产品输出等系列工作。从生产作业流程来看，整个地形图制图生产过程由管理端的制图数据处理，到生产端的制图数据生产，再回到管理端进行数据入库和制图建库处理三个环节构成。各环节的具体作业步骤如图 4-2 所示。

（三）环境搭建

为实现系统总体技术目标，在充分分析测绘行业现有地形数据生产技术路线与平台软件差异性的基础上，研究制定了以自主开发为主、二次开发为辅的软件开发路线。常用的浏览显示查询等功能主要采用商业软件二次开发，但是

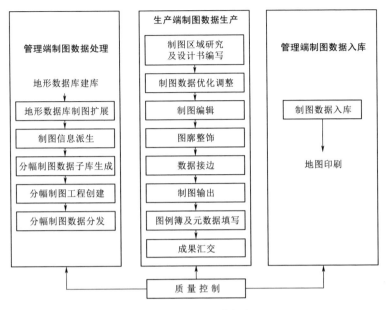

图 4-2 系统总体框架

对于数据转换、图面编辑、数据库管理等功能，则是采用 C＋＋语言独立开发，在充分利用现有数据库管理及数据处理等研究成果的基础上，通过组件式技术，将定制、开发的功能插件集成于最终软件系统中。

三、制图系统研发

（一）界面设计与实现

为满足空间数据库驱动的地形图制图系统专业化、标准化的需求，需对软件界面进行美化、优化和规范化设计，主要包括软件启动界面设计、软件框架设计、面板设计、标签设计、按钮设计、菜单设计与图标设计等内容。

界面是系统软件给用户的第一印象，菜单栏、工具栏等的布局与样式是其好坏的最直观表达，直接影响设计的品质。为了设计出界面友好的系统，应在窗口中对输入的信息进行最优的组合和布局。没有好的布局，所有工具都无法建立起合理的联系，系统功能也就不能快速正确地传递给用户。

本系统界面设计时遵循以下原则。

（1）一致性。以人机交互友好为基本原则，保持功能与内容描述的一致性，避免使用多个词汇描述同一种功能。界面直观简洁，操作便捷，不需要额外进行软件培训，用户也能很好地认识并了解软件的功能，快速上手。

（2）准确性。工具的标记、名称缩写与外观颜色必须保持一致性，所显示信息的含义尽量准确，通俗易懂。

（3）布局合理化。布局应尽量遵循用户从左向右、自上而下浏览习惯，保证常用业务按键排列的集中性与易获取性，避免用户鼠标频繁移动。屏蔽不常用的功能区块，避免界面过于凌乱，使用户能够快速寻找并使用常用的按键，提高软件易用性。

（4）系统操作智能化。尽量在软件中设置足够的快捷键，实现功能快速切换，使用户仅通过键盘也可以成功地完成一系列操作。

（5）系统响应人性化。系统响应时间尽量保持在工作人员能够忍受的范围之内，响应时间过长，不仅影响生产效率，更会降低用户对软件的好感。尽量保证 1～4s 的响应速度，这能够避免用户误认为系统没响应而重复操作，5s 以上处理过程最好能够显示处理进度。一个长时间的处理完成后，要弹出运行完成信息，针对程序的误操作，要弹出安全提醒对话框。

遵循以上原则，系统界面设计成果如图 4-3 所示，包括登录界面和编辑界面的设计，其中编辑界面主要包括主菜单、标准工具栏和通用工具栏三个模块。

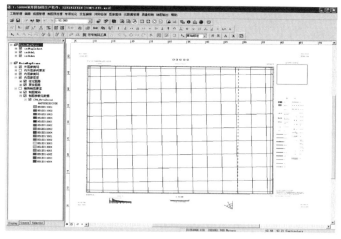

图 4-3　系统主界面设计

1. 主菜单设计

系统主菜单包括工程管理、编辑、视图管理等 12 个菜单，如图 4-4 所示。

图 4-4　系统主菜单设计

（1）工程管理。工程管理菜单主要实现了工程文件管理、相关系统参数设置等功能。包括工程文件的打开、保存和备份功能，制图系统、制图符号库、字库等的参数设置与管理功能，以及推出系统功能。各项功能具体情况见表 4-1。

表 4-1　　　　　　　　工程管理菜单各项功能具体情况

功　能　名　称		功　能　描　述
打开文档		打开 1:5 万制图工程文档（.mxd）
保存文档		保存 1:5 万制图工程文档（.mxd）
工程备份	全部备份	备份所有的工程文档（.mxd）、（.mdb）和元数据
	备份文档	备份 1:5 万制图工程文档（.mxd）
	备份数据	备份地形图数据及制图信息（.mdb）
	备份元数据	备份单幅地形图元数据
系统参数设置		配置河流渐变参数等
符号库管理		1:5 万地形图制图符号库管理
制图字库管理		1:5 万地形图制图所需字库管理
退出系统		退出系统，快捷键 F4

（2）编辑。编辑菜单主要针对制图数据编辑需求，开发了开始编辑、停止编辑、保存编辑以及撤销和重做编辑操作等功能。各功能具体情况见表 4-2。

表 4-2　　　　　　　　编辑菜单各项功能具体情况

功能名称	功　能　描　述	功能名称	功　能　描　述
开始编辑	开始制图编辑	撤销	撤销制图修改
停止编辑	停止制图编辑	重做	恢复制图修改
保存编辑	保存制图编辑		

（3）视图管理。视图管理菜单主要实现制图界面不同视图的管理与控制功能。主要包括不同要素类及相应掩码层的显示与隐藏、主视图与截图表切换、图层控制、翻屏浏览以及书签管理等功能。各功能具体情况见表 4-3。

表 4 - 3　　　　　　　　　　　视图管理各项功能具体情况

功　能　名　称		功　能　描　述
主图显示方案	水系	仅显示水系要素及掩码层： HYDP；HFCP；HFCL _ 2L；HFCL _ 3；hydl；HFCA _ 1；HYDA _ 1；HFCA _ 2；HYDA _ 2； CPM _ MainDataFrameMask2A；CPM _ MainDataFrameMask1A
	地貌	仅显示地貌要素及掩码层： TERP；TERL _ 1；TERA _ 1；TERA _ 1B；TERL _ 2；TERA _ 2；TERLAnno；TERPAnno； CPM _ MainDataFrameMask2A；CPM _ MainDataFrameMask1A
	境界	仅显示境界要素及掩码层： BOUP；BOUL；BRGL；BRGA； CPM _ MainDataFrameMask2A；CPM _ MainDataFrameMask1A
	植被	仅显示植被要素及掩码层： VEGP；VEGL；VEGA；VEGA _ FillMarkerAnno；VEGA _ BoundaryPoint； CPM _ MainDataFrameMask2A；CPM _ MainDataFrameMask1A
	交通	仅显示交通要素及掩码层： LFCP；LFCL _ 1；LRDL；LFCL _ 3；LRRL； CPM _ MainDataFrameMask2A；CPM _ MainDataFrameMask1A
	居民地	仅显示居民地要素及掩码层： RFCP；RESP；RFCL；RESL；RFCA；RESA； CPM _ MainDataFrameMask2A；CPM _ MainDataFrameMask1A
	控制点	仅显示控制点要素及掩码层： CPTP； CPM _ MainDataFrameMask2A；CPM _ MainDataFrameMask1A
	管线	仅显示管线要素及掩码层： PIPP；PIPL _ 1；PIPL _ 2； CPM _ MainDataFrameMask2A；CPM _ MainDataFrameMask1A
	全要素	显示全部要素及掩码层
切换到主图		从接图表（IndexMapFrame）切换到主图（MainMapFrame），编辑主图
切换到接图表		从主图（MainMapFrame）切换到接图表（IndexMapFrame），编辑接图表
图层显示控制		控制当前窗口中显示的要素图层，可显示一个或多个
图层控制窗口		控制 Table of contents 的开闭
显示隐藏的符号		制图表达要素消隐的时候显示标记
关闭隐藏的符号		制图表达要素消隐的时候不显示标记

续表

功　能　名　称		功　能　描　述
翻屏浏览	向上	浏览窗口内地图整体向上平移
	向下	浏览窗口内地图整体向下平移
	向左	浏览窗口内地图整体向左平移
	向右	浏览窗口内地图整体向右平移
书签管理	插入书签	新建书签
	编辑书签	编辑书签
	浏览书签	浏览已建书签，并定位到书签定义的范围
DRG 图层控制	显示 DRG 影像	显示打开的所有的 DRG 影像数据
	隐藏 DRG 影像	将所有的 DRG 影像数据隐藏
	添加 DRG 影像	添加一幅 DRG 影像数据到地图文档
	删除 DRG 影像	删除所有的文档中的 DRG 影像数据

　　（4）制图预处理。制图预处理菜单主要针对不同制图符号、地图注记以及注记掩码等需求，开发了特殊符号正确性确认功能、符号检查功能、地图注记自动生成以及注记掩码自动生成功能。各项功能具体情况见表 4-4。

表 4-4　　　　　　　　　制图预处理菜单各项功能具体情况

功　能　名　称		功　能　描　述
符号确认	确认流向符号	确认流向符号配置正确性
	确认船闸符号	确认船闸符号配置正确性
	确认学校符号	确认学校符号配置正确性
	确认冲沟符号	确认冲沟符号配置正确性
	确认植被符号	确认植被符号配置正确性
	确认危险海域	确认危险海域符号配置正确性
	确认岸滩符号	确认岸滩符号配置正确性
	确认两用桥符号	确认两用桥符号配置正确性
	确认乱掘地符号	确认乱掘地符号配置正确性
	确认岩峰符号	确认岩峰符号配置正确性
	确认沼泽符号	确认沼泽符号配置正确性
	确认线状船闸、拦水坝符号	确认线状船闸、拦水坝符号配置正确性
空符号检查		检查是否存在空符号，以列表显示

续表

功 能 名 称	功 能 描 述
自定义符号	对存在的空符号，通过自定义符号进行编辑
生成地图注记	在单幅地形图上，首先清空除等高线和内外图廓间注记外所有注记，然后生成新注记，产生的新注记进行避让等优化
生成注记掩码	在单幅地形图上，道路注记压盖道路图层（LRDL）边线；道路注记及独立地物（LFCP、RFCP）压盖 RESA 面状居民地边线；所有注记及独立地物（LFCP、RFCP）压盖公里格网

（5）专项自动优化。专项自动优化菜单主要针对点、河流线、等高线、道路等不同符号在制图中特殊处理需求，开发了一系列符号优化功能，各项功能具体情况见表4-5。

表4-5　　　　　　　专项自动优化菜单各项功能具体情况

功 能 名 称		功 能 描 述
点符号角度调整		对全图范围内，除涵洞、明礁、暗礁、干触礁、出水站以外的所有点状制图要素进行角度智能调整
点符号位置调整		对全图范围内，点状制图要素与线状制图要素间不满足制图要求的距离进行智能调整
单线河宽度自动调整		按照地面河要素的等级自动配置宽度
防火带注记压盖防火带边线		在全图范围内，调整防火带注记，防止防火带注记压盖防火带边线
冲沟、陡崖、路堑压盖等高线处理		在全图范围内，调整冲沟、陡崖、路堑的符号要素，防止冲沟、陡崖、路堑符号要素压盖等高线
铁路站线符号处理		依据铁路站线的实际图形，处理道路线层铁路站线符号为标准图式符号
提取高速公路符号		在全图范围内，国标码为国道或者省道等的公路层，其公路技术等级的属性为高速，调整国道或省道的符号为高速
生成地类界符号		生成植被边界，为进一步编辑植被准备数据
生成植被填充符号		生成植被填充图层，为进一步植被填充准备数据
自动调整虚线符号	境界线	自动调整境界线，使其"实实相交"
	地貌单元边界	自动调整地貌单元边界，使其"实实相交"
	道路	自动调整虚线表达的在建道路，使其"实实相交"
	铁路	自动调整铁路符号，使其"白白相交"或"黑黑相交"
	虚线符号批量调整	批量处理虚线符号表达，使铁路符号"白白相交"或"黑黑相交"，在建道路整境界线、地貌单元边界"实实相交"
批量打散文字注记		根据制图需要对部分需要打散的注记文字进行批处理打散

（6）交互编辑。交互编辑菜单主要针对水系、道路、居民地、地貌、管线、注记等不同地类要素符号编辑优化的需求，开发了相应自动化处理工具，同时针对各类要素编辑需求，开发了通用的符号编辑工具，支撑制图符号编辑需求。各项功能具体情况见表4-6。

表4-6 　　　　　　　　　　　交互编辑菜单各项功能具体情况

功 能 名 称		功 能 描 述
水系编辑工具	河流渐变处理	根据河流流向，对河流进行渐变处理；针对选择的单条河流，或者首尾相连的多条河流执行渐变处理
道路编辑工具	线状桥宽度调整	主要用于调整线状桥，使其与道路宽度相适应
	点状输水槽宽度调整	主要用于调整输水渡槽的角度、宽度，使其与渠相适应；也可用于调整涵洞的角度、宽度，使其与河流相适应
	道路注记压盖道路和居民地边线	调整道路注记，使道路注记压盖道路边线以及居民地边线
居民地编辑工具	面状地物符号压边	主要用于处理居民地和道路间的距离关系（需要压盖的情况）
	面状地物符号裁切	主要用于处理居民地和道路间的距离关系（需要分离的情况）
地貌编辑工具	等高线注记标绘	沿等高线切线方向标绘注记
	粘连等高线压盖	处理等高线过密地方的等高线粘连
管线编辑工具	添加制图调节点	为选择的管线要素添加符号控制点，通过添加控制点，可以调整管线符号的合理配置，保证符号的完整性
	删除制图调节点	为选择的管线要素删除符号控制点，通过删除控制点，可以调整管线符号的合理配置，保证符号的完整性
注记编辑工具	主图注记编辑	选择注记后，可进行旋转、移动、打散、复制、粘贴、删除及查看属性等操作
	图廓间注记编辑	在图廓间添加文字注记
符号编辑	整体选择	选择一个或多个完整的制图要素进行编辑
	部分选择	选择一个或多个制图要素的部分或顶点进行几何编辑
	套索选择	绘制自由形状并选择一个或多个完整的制图要素进行编辑
	套索部分选择	绘制自由形状并选择一个或多个完整的制图要素进行编辑
	符号自由编辑	交互编辑处理工具。对组合的制图要素进行符号打散，以便进行部分修改

（7）冲突检测。冲突检测菜单主要包括针对制图数据中的点、线、面等不同要素之间空间冲突的检测与自动调整功能。具体功能信息见表4-7。

（8）图廓整饰。图廓整饰菜单主要实现了地图图廓各制图要素的操作、管理等功能。主要包括图例相关设置、坡度尺设置、图外附注设置、地图生产信息设置以及接图表相关处理等功能。具体信息见表4-8。

表 4 - 7   冲突检测各功能情况

功　能　名　称	功　能　描　述
线-面要素间距检测	检测线要素层与面要素层要素 Reps 之间重叠部分
线-线冲突检测	检测线要素层与线要素层要素 Reps 之间重叠部分
点-线冲突检测	检测点要素层与线要素层要素 Reps 之间重叠部分

表 4 - 8   图廓整饰菜单各功能情况

功　能　名　称	功　能　描　述
设置图例	设置图例显示和相关说明
添加图例	可对当前的图例补充新的图例内容，即增加新的图例项
设置坡度尺	可设置地图图例的基本类型
设置图外附注	可设置地图的附注
初始化接图表	对境界面采用四色填充；对每个境界面赋索引号；填写境界略图注记
设置地图生产单位及时间	可设置地图的生产单位信息和日期信息
接图表编辑	可激活接图表，激活后可对接图表进行编辑

（9）元数据管理。元数据管理菜单主要实现元数据处理功能，包括元数据自动记录、人工录入以及错误数据记录三个主要功能。具体信息见表 4 - 9。

表 4 - 9   元数据管理菜单各功能情况

功　能　名　称	功　能　描　述
自动记录	可自动生成图幅的元数据表
人工录入	对图幅的元数据表进行人工编辑
错误数据记录	打开图幅元数据的错误记录表，便于查看

（10）质量控制。该模块根据相应的检测规则对数据进行质量检查与控制。

（11）地图输出。地图输出菜单主要面向地图输出需求，实现 PDF、AI、EPS、TIFF 等多种格式地图文档输出功能以及接边影像输出功能。各项功能具体情况见表 4 - 10。

表 4 - 10   地图输出菜单各功能情况

功　能　名　称	功　能　描　述
输出 PDF	把地图输出为 PDF 文档格式
输出 AI	把地图输出为 AI 文档格式
输出 EPS	把地图输出为 EPS 文档格式
输出 TIFF	把地图输出为 TIFF 文档格式
输出接边影像	输出本图幅内图廓向里 1.5cm 距离的上、下、左、右四幅影像

（12）帮助。帮助菜单主要包括调出软件操作手册、软件基本信息浏览等基本功能。具体功能情况见表 4－11。

表 4－11　　　　　　　　　　　帮助菜单各功能情况

功　能　名　称	功　能　描　述
帮助	调出软件的操作手册
关于	显示本软件一些基本信息

2. 标准工具栏设计

标准工具栏是根据用户一般制图需求定制的一系列功能按钮，包括文档加载、编辑开关、图层控制、放大缩小等（图 4－5），各项功能详情见表 4－12。

图 4－5　标准工具栏设计

表 4－12　　　　　　　　　　　标准工具栏功能按钮详情

按　钮	功　能　名　称	功　能　描　述
	打开文档	打开 1:5 万制图工程文档
	保存文档	保存 1:5 万制图工程文档
	添加 DRG 影像	添加一幅 DRG 影像到工程文档
	开始编辑	开始制图编辑
	停止编辑	停止制图编辑
	保存编辑	保存制图编辑
	撤销	撤销制图修改
	重做	恢复制图修改
	图层显示控制	设置当前地形图加载要素层是否可见
	设置单个图层可选	单击要素所在图层设置为可选图层，其他要素图层不可选择要素
	设置所有图层可选	设置所有图层为可选图层
	放大	放大制图页面

续表

按　钮	功　能　名　称	功　能　描　述
	缩小	缩小制图页面
	平移	平移制图范围
	固定放大	固定放大制图页面
	固定缩小	固定缩小制图页面
	全页面显示	页面全显示
	1∶1显示	页面1∶1显示
	前一范围	回到前一制图页面范围
	后一视图	回到后一制图页面范围
	通过属性选择	基于弹出对话框，选择查询图层，设置查询条件，查询满足条件的结果
	查询	在屏幕上单击要素查询属性信息，在弹出对话框中显示
	量测	提供长度、面积、坐标量算工具集，并提供捕捉功能下的量算
	全图显示	数据全图显示
	制图检查工具	检查GB编码与Reps名称一致性、Reps符号形状是否改变、Reps符号属性是否改变、Reps符号是否被打散（在制图末期使用，多用作自查）
	用户自定义问题数据工具	该功能允许用户定义自己认为有问题的数据，并为其加上修改建议等。适用于数据本身没有问题，但用户需要对其进行注释的情况
	成果数据入库检查	检查原始数据是否被修改（原始数据是不允许修改的，该功能可以将任何改动检查出来）
	相邻图幅接边检查	根据用户提供的相邻图幅数据，对当前图幅进行接边检查

3. 通用工具栏设计

通用工具栏是根据地图编辑需求定制的一系列常用功能按钮的集合，包括制图要素编辑、注记编辑两部分，工具栏界面如图4-6所示，各功能详情见表4-13。

图4-6　通用工具栏设计

表 4 – 13　　　　　　　　　　通用工具栏功能按钮情况

功能类别	按钮	功能名称	功 能 描 述	快捷键
制图要素编辑	▶	制图要素选择	选择一个或多个完整的制图要素	
	▶R	制图要素选择 R	选择一个或多个制图要素进行编辑	G
	▶R	直接选择	选择一个或多个制图要素的部分节点进行编辑	G
		套索选择	自定义绘制图形，并选择一个或多个制图要素进行编辑	L
		套索直接选择	自定义绘制图形，并选择一个或多个制图要素的节点进行编辑	L
		插入顶点	为选择的制图要素添加顶点	I
		删除顶点	从选择的制图要素上删除顶点	I
		插入调节点	为选择的制图要素插入制图调节点	Y
		删除调节点	从选择的制图要素上删除制图调节点	Y
		自由擦除	基于圆形橡皮擦，对不想显示的制图要素或要素的部分进行擦除	E
		自由遮盖	打开制图要素所在图层的 Mask 图层后，利用圆形橡皮对选择的制图要素或部分进行遮盖	K
	掩	符号掩码	打开制图要素所在图层的 Mask 图层后，利用绘制的多边形，对不想显示的制图要素或要素的某部分进行擦除。常用于河流与居民地相距太近，或者道路与居民地相距太近时，对居民地部分进行遮盖，加大地物间的距离	
		0.2mm 擦除	0.2mm 擦除工具。利用该工具可以实现 0.2mm 擦除功能	
		反向符号	改变具有方向的要素符号，如道路方向符号的改变	
		掩码查看	框选查看选中的掩码要素，右键点击后弹出掩码删除提示	
		Wrap	用直接选择或套索直接选择工具选择制图要素的部分，向鼠标拖动的方向进行移动，从而改变制图要素的形状	
		平行移动	中心位置不变，向鼠标拖动的方向平行移动制图要素的部分，从而改变制图要素大小	P
		调整大小	调整制图要素的大小	S
		移动制图表达	可以移动制图要素的符号	M

续表

功能类别	按钮	功能名称	功能描述	快捷键
制图要素编辑		偏移制图表达	设定制图要素偏移值。特定值通过按 F 键弹出对话框进行设置	F
		旋转点状要素符号	旋转制图要素。旋转工具状态下，按 R 键设置旋转角度	R
		隐藏制图表达	使选择的制图要素不可见	
		符号打散	对选择的制图要素进行打散，以便进行部分修改，如点状桥的修改	
		制图要素属性	查看和修改制图要素属性	
		取消选择	取消制图要素选择，或单击地图上无制图要素处	
注记编辑工具		注记选择/旋转/打散	选择注记进行编辑；按下 R 键可进行旋转；按下 E 键，打散注记为多个部分，再次按下 E 合并多个部分为一个整体注记	R 键旋转/E 键打散或合并
	原始标注	原始标注/地图简注	在原始标注和地图简注之间切换	
	开	显示隐藏注记	显示隐藏的注记	
	关	不显示隐藏注记	不显示隐藏的注记	
	A	图廓间注记	在图廓间添加文字注记	
		不显示当前选中注记	设置当前选中注记为不可见	
		隐藏注记窗口	查询隐藏的注记，并恢复为可见状态	
		避让参数设置	设定搜索距离和避让距离	
		执行避让	实现避让操作	
		定义参考线	确定已选的线段为参考线	
		执行偏移	对已选的线段实行偏移操作	

4.专用工具栏设计

专用工具栏是针对地形图要素类编辑需求定制的各类功能按钮集合，包括水系及附属设施处理、居民地处理、道路及附属设施处理、境界处理、地貌处理、植被填充、图廓间要素编辑、管线处理几个部分（图 4-7），各功能按钮具体信息见表 4-14。

图 4-7　专用工具栏设计

表 4-14　　　　　　　　　**各 按 钮 功 能 情 况**

功能类别	按　钮	功能名称	功 能 描 述
水系及附属设施处理		河流宽度分级	针对单线河层（HYDL）的地面河流（2101），根据河流等级，批量执行河流符号化
		河流渐变处理	根据河流流向，对河流进行渐变处理；针对选择的单条河流或者首尾相连的多条河流执行渐变处理
		地下河出入口自适应	调整河流流经地下或穿过山洞的河段在地面上的出入口符号的位置和方向
		涵洞自适应	调整修建在道路或堤坝等下面的过水通道的涵洞符号的位置和方向
居民地处理		面状地物扩充	居民地距离道路小于 0.2mm，或者距离太近时，可对居民地进行扩充，达到居民地与道路共边
		面状地物缩编	居民地距离道路小于 0.2mm 时，对居民地进行裁剪，使居民地与道路间距离大于 0.2mm
道路及附属设施处理		线状桥调整	调整线状桥，使其适应道路宽度
		点状道路附属设施调整	对输水渡槽，自动调整角度、宽度，使其适应渠；或者对道路与河流垂直情形下的涵洞，自动调整角度、宽度，使其适应河流
		压盖道路边线	调整道路注记，使路注记压盖道路边线以及居民地边线
境界处理		修线	适用于境界跳绘等的修线工具
地貌处理		等高线注记	在等高线上添加高程注记
		冲沟掩盖	可以擦除掉冲沟符号的锯齿
		地类边界显示	可以查看完整的地类边界
		等高线粘连处理	处理粘连在一起的等高线
		两点掩码等高线处理	交互编辑工具，主要掩码一段等高线
		格网掩盖	处理方里网与独立地物、注记等的符号压盖，隐藏方里网

功能类别	按　钮	功能名称	功　能　描　述
植被填充		生成植被填充符号	批量生成植被填充符号
		植被点填充	在植被面上补充这个植被要素符号
		植被面填充	在植被面上补充或者替换这个面中的植被要素
		稻田符号	在植被面中填充稻田符号
		大面积竹林/狭长竹林	在植被面中填充大面积竹林/狭长竹林符号
		半荒草地符号	在植被面中填充半荒草地符号
		高草地符号	在植被面中填充高草地符号
		旱地符号	在植被面中填充旱地符号
		荒草地符号	在植被面中填充荒草地符号
		迹地符号	在植被面中填充迹地符号
		经济林符号	在植被面中填充经济林符号
		经济作物符号	在植被面中填充经济作物符号
		密集灌木林符号	在植被面中填充密集灌木林符号
		阔叶林符号	在植被面中填充阔叶林符号
		水生作物符号	在植被面中填充水生作物符号
		天然草地/人工草地	在植被面中填充天然草地/人工草地符号
		稀疏灌木林符号	在植被面中填充稀疏灌木林符号
		小面积竹林	在植被面中填充小面积竹林符号
		幼林符号	在植被面中填充幼林符号
		疏林符号	在植被面中填充疏林符号
	混交林 旱地 ▼	混交林选择	在植被面中填充混交林符号
		植被填充替换	在植被面上同种 GB 码的植被面给予不同的类型的填充要素

续表

功能 类别	按　钮	功能名称	功　能　描　述
图廓间 要素编辑		编辑内外图廓间 要素	编辑内外图廓间的制图要素，设置可见或不 可见
管线处理		电力线压盖	主要用于高压输电线的输电箭头符号和电杆 符号是否可见处理

（二）组件式制图符号系统设计与实现

针对基础地理数据要素特性，根据地形图制图表达和配置需求，系统采用可灵活编辑调整的组件式的符号，制作符合图示规范要求的制图符号系统，即研究确定每个符号组件的合理拆分，通过扩展要素属性，记录符号的配置、符号组件间关联关系、符号组件编辑处理结果等。组件式符号机制可在符号自动配置的同时，通过计算符号组件位置关系，自动对符号配置进行优化调整。

根据《基础地理信息要素分类与代码》（GB/T 13923—2006），系统从控制点、居民地、交通、水系、管线、地貌、境界、植被与土质几个层面出发，以组件的方式设计实现了制图符号系统，不仅自动化地实现了基于地形数据库的大部分符号配置，而且针对复杂的地物关系提供了智能的交互式制图编辑工具，用以生成符合图式规范的制图数据成果，具体如下。

1. 控制点

在居民地内，可不表示控制点或水准点；其他控制点只表示符号，高程可不表示。

选中不表示的水准点，选择【通用工具】→【自由遮盖】工具（图4-8）在地图上绘制遮盖区域，将其隐藏在遮盖区域下方，然后选择【通用工具】→【注记选择】工具（图4-9）在地图上拉框选中需要隐藏的高程注记，再用【隐藏注记】工具（图4-10）将其隐藏。

图4-8　自由遮盖工具

图4-9　注记选择工具　　　图4-10　隐藏注记工具

2. 水系

主要处理内容包括：岸线与防护堤重合；高水界与陡岸、堤重合；河流渐变；山区河流、长河流及渠流向表示；面状水系相邻；泉方向表示；沼泽符号与地物关系；堤与水涯线冲突；单线堤与道路冲突；无滩陡岸符号在双线河无法表示处理；涵洞与道路、水系。

（1）当岸线与防护堤重合时，岸线可不用表示。选中需要隐藏的岸线，选择【通用工具】→【自由遮盖】工具（图4-8），绘制多边形遮盖需要省略的岸线位置。

（2）当高水界与陡岸、堤重合时，高水界可不表示；当等高线与高水界重合时，等高线可不表示。分别选中需要隐藏的高水界、等高线，选择【通用工具】→【自由遮盖】工具（图4-8），绘制多边形遮盖不表达的高水界和等高线位置。

（3）河流渐变时先做主河道渐变，再做支流渐变。选择【专用工具】→【河流渐变】工具（图4-11），在地图上选中需要渐变的河流，设置河源及河口的宽度；选中次要河流，给出河源宽度，打开相邻点自适应，应用设置点参数。

图4-11　河流渐变工具使用

（4）当山区等水流方向明显时，河流流向可不逐条表示，较长的河流、渠道一般每隔15~20cm重复表示流向。选取需要遮盖的河流走向，选择【通用工具】→【自由遮盖】工具（图4-8）绘制多边形遮盖不表达的河流走向位置。

（5）当面状水系在图上的间隔小于0.2mm时，相邻水涯线可共线或回缩表示。选中面状水系，选择【专用工具】→【扩边工具】（图4-12），在地图上沿着水涯线绘制多边形，完成面状水系的与水涯线共线；或者选中面状水系，选择【专用工具】→【缩边工具】（图4-13）在地图上绘制需要缩进的多边形，完成面状水系的回缩。

图4-12　扩边工具

图4-13　缩边工具

（6）泉符号的水口位置用实心圆点表示，其泉水流向用曲线表示。选中泉要素，选择【通用工具】→【旋转】工具（图4-14），将泉的弯曲段旋转至泉水流向。

图4-14　点要素旋转工具

（7）沼泽符号应与沼泽范围内的地物保持 0.2mm 的距离。选中沼泽信息，选择【专用工具】→【0.2mm 遮盖】（图 4-15），沿着地物边界绘制 0.2mm 宽度线，保持沼泽符号与地物的距离。

（8）当水涯线与堤的图上间隔小于 0.2mm 时，可不表示水涯线。选取不表示的水涯线，选择【通用工具】

图 4-15　0.2mm 遮盖工具

→【自由遮盖】工具（图 4-8），绘制多边形遮盖不表示的位置。

（9）单线堤与道路重合时，只表示单线堤，路表示至堤端。选中重合道路，同样选择【通用工具】→【自由遮盖】工具（图 4-8）擦除道路与单线堤重合的部分，擦除至堤端。

（10）当双线河符号无法容纳无滩陡岸符号时，可在水涯线外侧表示，但必须紧靠水涯线。有滩陡岸与水涯线的图上距离应保持 0.2mm。首先选中需要偏移的无滩陡岸符号，选择【专用工具】→【修线】工具移动至水涯线外侧（图 4-16）；然后选中有滩陡岸符号，选择【专用工具】→【0.2mm 擦除】工具（图 4-17），沿着水涯线绘制 0.2mm 宽度线，保持有滩陡岸与水涯线间的距离大于 0.2mm。

图 4-16　修线工具

图 4-17　0.2mm 擦除工具

（11）正确表示涵洞与道路、水系的关系，使涵洞符号在道路的两侧并使水系在涵洞符号的平分线上。首先选中涵洞，选择【通用工具】→【旋转】工具（图 4-14）旋转涵洞符号，使之与河流方向呈 90°；然后选择【通用工具】→【符号打散】工具将涵洞符号打散，最后调整涵洞位置，保证河流位于涵洞平分线上，如图 4-18 所示。

图 4-18　点要素符号打散工具

3. 交通

主要针对铁路线符号矛盾；公路与水系要素矛盾；虚线表示的道路实部相

交问题；匝道取色问题；小路穿越小居民地问题；不同等级的道路连接处理；道路与桥梁、涵洞、附属设施的关系；道路与铁路冲突；线状桥的宽度调整；点状道路附属设施的宽度和角度调整；道路注记压盖道路边线和居民地边线调整。

（1）就铁路而言，若某段两条线路不在一条路基上，且其间隔难以按真实位置表示时，不仅可以用复线铁路符号，也可以偏移部分铁路符号表示，符号配置在两条线路的中间处。首先选中两条铁路，选择【自由擦除】工具（图4-19），擦除两条铁路间隔不能按真实位置表示的部分；然后选中其中一条铁路，采用"交互工具"→"自由编辑"→"转化为 Free Reps"，进入 Free Representation 编辑界面，绘制铁路中心线，设置复线铁路样式，如图4-20所示。

图4-19　自由擦除工具

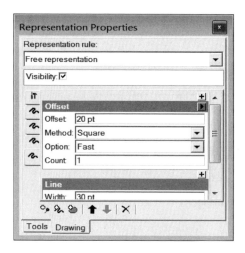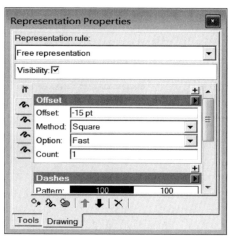

图4-20　自由编辑工具

（2）公路与水系要素矛盾时，移动道路保持0.2mm间距。选择【专用工具】→【修线】工具（图4-16），对公路进行修线调整。

（3）当两条虚线道路相交时，其交叉点应以实部衔接。首先设置相交道路的制图要素属性为 with half pattern 模式，然后利用【通用工具】→【添加制图调节点】工具（图4-21），分别为两条道路添加一个制图调节点于两线交叉处。

（4）接公路的匝道面色与相连接的公路面色应一致；连接不同等级公路时，匝道面色取低等级公路面色。选取匝道，点击【通用工具】→【制图要素属性】（图4-22），调整匝道颜色即可。

图 4 - 21 添加制图调节点工具

图 4 - 22 制图要素属性处理工具

（5）小路穿越小居民地时断开表示，道路与街道口保持 0.2mm 间距。选取小路，利用【通用工具】→【0.2mm 擦除】工具（图 4 - 17），在小路和街道口结合处掩码断开。

（6）不同等级的道路连接成一条线时，在连接处应间隔 0.2mm。选取道路，同样利用【通用工具】→【0.2mm 擦除】工具（图 4 - 17），在不同等级道路结合处掩码断开。

（7）道路与桥梁、涵洞、附属设施相矛盾时，使用【通用工具】→【移动】工具（图 4 - 23）挪动桥梁、涵洞、附属设施的位置。

图 4 - 23 移动工具

（8）道路与铁路平行距离很近（间距小于 0.2mm、共线）时，道路应避让。选择【专用工具】→【修线】工具（图 4 - 16），对道路进行调整。

（9）调整线状桥的宽度，使其适应相连接道路。选择【专用工具】→【线状桥宽度调整】工具（图 4 - 24），对线状桥宽度进行调整。

图 4 - 24 线状桥宽度调整工具

（10）调整点状道路附属设施的宽度和角度，使其适应相连接道路。选中要旋转的点状道路附属设施，选择【通用工具】→【旋转】工具（图 4 - 14），对点状道路附属设施进行调整。

（11）道路注记压盖道路边线和居民地边线时，注记应避让。选择【专用工具】→【道路注记修改】工具（图 4 - 25），对道路注记进行调整。

4. 居民地

居民地部分的符号处理主要包括：居民地与道路距离处理；居民地与水拓

图 4-25　道路注记修改工具

扑关系处理；有定位点的独立地物与居民地、水系、道路等地物位置冲突处理；围墙、栅栏、铁丝网、篱笆等与街道边线冲突；地类界与地面无形的线状地物冲突处理。

（1）居民地与道路在图上间距小于 0.2mm 时可外扩或回缩居民地，使居民地与道路边线重合或在图上保持 0.2mm 以上间距。需外扩居民地时，选择【专用工具】→【扩边工具】（图 4-12）；回缩居民地时，选择【专用工具】→【缩边工具】（图 4-13），分别对居民地进行调整。

（2）点状、线状或面状居民地与水系在图上间距小于 0.2mm 时，居民地应避让。选择【通用工具】→【制图要素选择】（图 4-26）在地图选中点状居民地进行移动操作；选择【专用工具】→【修线】（图 4-16）对线状居民地进行调整；选择【专用工具】→【缩边工具】（图 4-13）对面状居民地进行缩边。

图 4-26　制图要素选择工具

（3）定位点的独立地物与居民地、水系、道路等地物相重时，应保持独立地物完整。选取居民地、水系、道路等地物，利用【通用工具】→【自由擦除】工具（图 4-19）在重合处执行擦除操作。

（4）当街道边线与围墙、栅栏、篱笆等线要素重合或两者的图上间距小于 0.3mm 时，可只表示街道边线。选取围墙、栅栏、篱笆等地物，同样利用【通用工具】→【自由擦除】工具（图 4-19）在重合或小于 0.3mm 处执行擦除操作。

（5）当地类界与境界线、电力线等无形的线状要素重合时，地类界应该避让这些线状要素。选取地类界，同样选择【专用工具】→【缩边工具】（图 4-13）调整地类界，使之与地面无形的线状要素的间距保持 0.2mm。

5. 管线

管线操作部分的符号处理主要包括：高压输电线、通信线与铁路、公路边线冲突，高压输电线在街区边线、变电站（所）处的处理。

（1）当高压输电线、通信线与重要道路边线的图上间隔小于 3mm 时，为表示走向，可在分叉、转折处和出图廓时表示出一段符号。选中高压输电线、通信线，同样利用【通用工具】→【自由擦除】工具（图 4-19）擦除除走向外的线条。

（2）高压输电线应在街区边线、变电站（所）处中断，且不表示符号。选中高压输电线，同样使用【通用工具】→【自由擦除】工具（图 4 - 19），擦除高压输电线与街区边线、变电站相交部分。

6. 地貌

地貌部分主要对以下情况进行符号处理：等高线过密处的抽稀，等高线过地物、与地物重合时省略，冲沟表达方式等制作。

（1）就等倾斜地段的等高线而言，当相邻计曲线的图上间隔小于 1.0mm时，首曲线可以省略；当相邻首曲线的图上间隔小于 0.2mm 时，可断开其中一条。选择【专用工具】→【等高线粘连处理】工具（图 4 - 27），通过绘制多边形遮盖首曲线密集的地方。

图 4 - 27　等高线粘连处理工具

（2）当等高线遇到房屋、公路、窑洞以及双线表示的河渠、冲沟、路堤、路堑、陡崖等地物符号时，表示符号边线处应打断表示。选择【通用工具】→【自由擦除】工具（图 4 - 19），选择符号内的等高线，对符号内的等高线进行擦除。

（3）当等高线与河流不协调时，应调整等高线，使谷底线与河流中心线重合。选取与河流冲突的等高线，选择【专用工具】→【修线】工具（图 4 - 16）对等高线进行修线调整。

（4）等高线不应进入面状水系。选取面状水系内的等高线，选择【专用工具】→【自由擦除】工具（图 4 - 19），擦除面状水系内的等高线。

（5）当双线冲沟的图上宽度大于 1.5mm 时，可用陡崖符号表示沟壁。选取冲沟符号，然后更改其样式为带陡崖的冲沟符号。

7. 境界

境界部分主要针对国界线相关处理、国界画法、省地县界画法三方面内容。

（1）国界线相关处理。

1）国界线的转折点或交叉点应用国界符号的点部或实线段表示。选中国界线，选择【通用工具】→【添加制图调节点】工具（图 4 - 21）在国界相交处增加制图调节点。

2）当依比例尺表示同号双立或同号三立的界碑或界桩的实地位置时，若使界碑或界桩符号相互冲突，可用空心小圆圈按实地位置表示，并标注各自的序号。选中界桩移动至相对位置，切换境界视图，选择【通用工具】→【增加注记】工具（图 4-28）增加序号。

图 4-28　增加注记工具

3）详细表示位于国界线上和紧靠国界线的居民地、道路、山峰、山隘、河流、岛屿和沙洲等要素，并明确其领属关系。切换境界视图，同样使用【通用工具】→【增加标注】工具（图 4-28）增加注记，明确领属关系。

4）各种注记不能与国界符号相互压盖，并尽量在本国区域内标注出来。切换境界视图，选择【通用工具】→【选择注记】工具（图 4-29）移动各种注记，保证注记在本国内不压盖国界符号。

图 4-29　选择注记工具

（2）国界画法。

1）若将河流中心线或主航道线作为国界线且国界符号能够在河流符号内清晰地表示出来，可在河流中心线或主航道线上不间断表示，并正确标明岛屿、沙洲的归属；当国界符号不能在河流符号内清晰地表示时，可在河流两侧不间断交错表示 3～4 节符号，并正确标明岛屿、沙洲的归属。

切换到境界视图，选择国界线，点击【专用工具】→【修线】工具（图 4-16）进行国界符号的偏移，在河流两侧不间断交错表示国界符号；选择【通用工具】→【增加制图调节点】工具（图 4-21）增加制图调节点，控制国界实实相交；选择【通用工具】→【增加注记】工具标注岛屿、沙洲说明（图 4-28）。

2）若将共有河流或线状地物作为国界线，国界符号应在河流或线状地物两侧以 3～4 节符号为基本单位，每隔 3～5cm 交错表示，岛屿用说明注记括注（国名简注）。首先选中国界线，选择【专用工具】→【修线】工具（图 4-16），调整国界线符号；然后选择【通用工具】→【自由擦除】工具（图 4-19），修整国界线符号为两边跳绘。

3）若将河流或线状地物一侧作为国界线，则国界符号在相应的一侧连续表示。选择国界线，使用【通用工具】→【直接选择】工具（图 4-30）选中需要一侧表示的国界线端，用鼠标移动节点至地物一侧位置。

图 4-30　直接选择工具

（3）省地县界画法。

1）如果在河流或线状地物符号内可以清晰地表示境界符号，则境界符号应在河流或线状地物的中心线上连续表示。选择境界线，使用【通用工具】→【添加制图调节点】工具（图 4 - 21）增加制图调节点，控制境界符号不间断绘制。

2）若以线状地物作为境界线，且在线状符号中心处不能清晰地表示出来，则可沿线状符号的两侧以 3～4 节境界符号为基本单位，每隔 3～5cm 交错表示。但在境界相交或明显的转折点以及接近图廓或调绘面积边缘的地方，境界符号不应省略。

切换境界视图，选中国界线，选择【专用工具】→【修线】工具（图 4 - 16）偏移国界符号，使其在线状地物两侧不间断交错表示；选择【通用工具】→【添加制图调节点】工具（图 4 - 21）增加制图调节点，控制境界相交或明显拐弯处的实实相交。

3）境界与线状地物共线采用"跳绘"方式表示时，境界符号的点、线必须成组完整绘制。选中境界，选择【通用工具】→【添加制图调节点】工具（图 4 - 21）增加制图调节点，控制境界符号点、线的完整。

4）"跳绘"表示境界时，跳绘的起止点应明确，双线河内的岛屿、沙洲等的隶属关系应明确，难以用境界划分时可用引注标明归属。选中境界，选择【通用工具】→【Representation Properties】工具设置 Endings 参数为"With full pattern"（图 4 - 31），明确跳绘的起止点；选择【通用工具】→【增加注记】工具（图 4 - 28）标注岛屿、沙洲隶属关系。

5）清楚标明岛屿、沙洲等要素的隶属关系。用"飞地"所属的行政境界符号表示"飞地"的界线符号，并在其"飞地"范围内加注隶属注记。选择【通用工具】→【增加注记】工

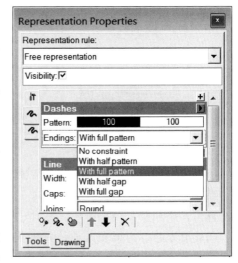

图 4 - 31 Representation Properties 工具

具（图 4 - 28）标注岛屿、沙洲隶属关系；选中"飞地"，选择【通用工具】→【Representation Properties】（图 4 - 31）选取所辖行政单位境界符号规则。

8. 植被与土质

主要针对植被符号与地物的关系进行处理，通过移动、缩小植被符号，新增、减少符号等方式保证植被符号不会压盖地物。

（1）面状植被最少应配置一个植被符号且植被符号不应压盖地物。选中压

盖地物的植被符号，使用【隐藏注记】按钮（图4-10），调整植被符号位置或隐藏注记。

（2）当植被范围被线状地物分割时，在各分开部分至少用一个植被符号表示出来。选择【通用工具】→【添加植被】工具，在缺少植被的地方添加相应的植被符号，各中植被符号类型及相应功能按钮如图4-32所示。

图4-32　植被符号样式填充工具栏

（3）对狭长植被类型进行表示时，植被符号不能清晰配置的，其大小可以在80%范围缩小。选中需要修改的植被符号，右键选择【注记属性】（图4-33），修改注记字体大小。

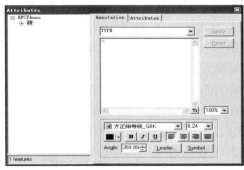

图4-33　注记属性修改功能

（4）面状植被的填充不完整，需要增加植被填充符号。【通用工具】中定制了一组植被符号样式工具按钮（图4-32），选择符号样式后，可在制图空间内的任意位置添加所需植被符号，并且这些符号将正确地记录在制图表达图层中。

（5）沿道路、沟渠和其他线状地物一侧或两侧表示的行树应与地物之间间隔0.2mm。选择【通用工具】→【注记选择】工具（图4-9），调整植被符号至0.2mm处。

（6）土质符号应与其范围内的地物间隔0.2mm。同样使用【通用工具】→【注记选择】工具（图4-9），调整需要修改的植被符号至0.2mm处。

（三）基础地理信息生僻字库搭建

地名是特定空间位置上自然或人文地理实体的名称，是人民日常生活、国家经济建设和社会发展不可或缺的基础地理信息资源，已成为国家基础地理数据非常重要的内容之一。在国家基础地理数据库的建库过程中，通常采用GBK编码的汉字库，其收录的汉字多达21003个，但仍然存在较大数量的生僻字没有被收录。在数据采集过程中，对于基础地理信息所包含的生僻字，一般利用手工撰写或拼音表示，然后以代码替代的方法在数据中录入。这不仅增大了地名数据库建库时对地名生僻字补字的工作量，而且降低了国家基本比例尺地形图产品的生产效率，不利于国家基础地理信息资源的共享和充分利用。

因此，建立基础地理信息生僻字库，不仅可以解决地理信息数据生产与使用过程中对生僻字应用的需求，保证地名生僻字编码的科学性与唯一性，而且能够避免因地名生僻字编码不统一造成的信息资源难以有效整合和充分利用的问题。

生僻字库主要是针对目前基础地理信息数据中生僻字的显示、录入和使用问题。系统首先将基础地理数据生产更新过程中收集的生僻字进行造字，建立了基础地理信息生僻字库；然后设计开发了一套生僻字的检索工具，解决了基础地理信息数据中生僻字的录入、显示问题；最后在生僻字库的基础上，通过与通用字库的集成，扩充生僻字库的字体，完成了基础地理信息生僻字库的搭建。

生僻字库的成功搭建对制图行业意义深远，具体表现如下。

（1）基础地理信息生僻字库解决了基础地理信息数据生产和应用过程中，对生僻字的检索、录入以及拼音的转录、显示问题，保证了基础地理信息数据的规范性与完整性，填补了我国基础地理信息系统生僻字字库空白。

（2）设计并研发了生僻字录入检索工具，解决了生僻字录入问题。首先设计了针对生僻字的5类笔画编码索引方案，建立了多种生僻字的检索方式；然后将所有的汉字笔画根据书写的方向分别归入这5类中，并且根据这5类笔画的读音或形状设计了5个对应的英文编码；最后通过设计的统一取码规则，可以方便地获得每个生僻字的编码，不仅提高了基础地理信息数据的生产效率，而且保证了地名数据的正确性和易操作性。

（3）基于通用生僻字库，扩充了7种字体，满足了制图表达的需要。基于通用生僻字库，扩充了仿宋、黑体、左斜宋体、细等线体、中等线体、耸肩中等线体等六种字体，解决了地形图上生僻字字体的难题。

（4）促进了基础地理信息数据的共享及应用。字库规范了地名数据更新的方式和使用的字库标准，提高了地名数据更新的效率和准确性；解决了长期以来一直困扰我们的由于地名生僻字的存在导致的地名数据显示不完整、不规范的问题，不仅能够提高基础地理信息数据生产的效率，而且可以促进专题信息之间的沟通和集成使用。

生僻字库设计具体流程如图4-34所示。

1. 生僻字整合

地名作为一种特殊的专用名词，历来就纷繁芜杂，就字形而言，有古今字、

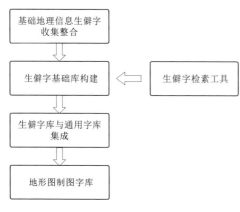

图 4-34　生僻字库设计具体流程

繁简字、正俗字之分。地名的区域性和历史继承性，使得汉语地名中存在大量的生僻字和方言字，目前并没有成熟的制图系统对生僻字进行全面的收集整理。尤其是国家基本比例尺地形图上出现的方言字、土俗字，借用汉字的偏旁及模仿汉字六书中的一些方法构造而成的方块状字，以及部分少数民族自造的汉字，这些字大都没有规范的字形、字音，部分字也不知其意。有些方言字流行面较窄，在现代汉语中只是作为地名用字而存在，还不足成为全民族语言的一部分，它们表现了浓郁的地域特点，是地方语言文化发展的记录。但在人们相互联系普遍加强、信息传播急速增长的时代，这些字难认难记难写，且在已出版的字词典中难以查检到。

基础地理信息生僻字库搭建过程中，收集积累了大量的生僻字，并对其进行了整理，主要内容包括：去除重复的生僻字、筛选掉非生僻字、查询补充生僻字的拼音以及建立生僻字表。具体流程如图 4-35 所示。

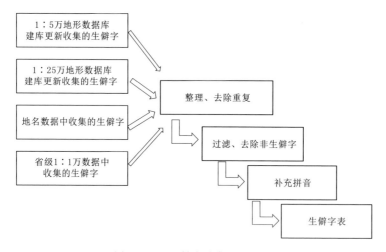

图 4-35　生僻字收集整理流程

2. 生僻字库构建

系统基于现有字库及造字技术，研究建立基础地理信息生僻字库的字库模式和编码规则，选用成熟的造字软件，构建了基础地理信息生僻字库，解决了生僻字显示的难题，实现了国标字库和生僻字库的统一应用。

生僻字库的搭建主要流程如下：

（1）生僻字库构建方案设计。对于 Windows 系统，增加新字有多种模式，结合基础地理信息数据生产、管理和应用的实际需求，生僻字的存储决定采用 Windows 扩展字库的方式。

（2）生僻编码。研究生僻字构字规律，制定生僻字编码规则，确定按照偏旁部首的顺序对生僻字进行排序，便于对生僻字进行检索。同时，不同偏旁部首的生僻字编码预留一定的间隔，为将来生僻字库的扩充预留部分编码。

（3）生僻字造字。利用 Windows 系统自带的 True Type 造字程序，可对每个生僻字字模进行创建，形成生僻字字库，字库中共有 2801 个生僻字。

3．生僻字检索工具设计

针对生僻字库的特点，采用编码和笔画相结合的检索方式，实现简便易用的生僻字输入法，解决生僻字的快速检索、录入难题。

（1）生僻字编码规则设计。

1）汉字笔画的分类。笔画是汉字结构的基本元素，根据书写的方向将其分为五种。

■ 从左到右 　　　　　（一）横
■ 从上到下 　　　　　（丨）竖
■ 从右上到左下 　　　（丿）撇
■ 从左上到右下 　　　（丶）点
■ 转折弯钩 　　　　　（乙）折

2）汉字笔画的编码规则。根据笔画的拼音声母和键盘字母的象形进行编码。

■ 横（一）＝读音"héng　"→（H）　　解释：取拼音的第 1 个字母
■ 竖（丨）＝象形"I"　　→（I）　　解释：取键盘字母的象形
■ 撇（丿）＝读音"piě"→（P）　　解释：取拼音的第 1 个字母
■ 点（丶）＝读音"diǎn"→（D）　　解释：取拼音的第 1 个字母
■ 折（乙）＝象形"V"→（V）　　解释：取键盘字母的象形

3）生僻字的取码规则。按照书写顺序，采用"前 3 笔＋末 1 笔"共 4 笔的输入方式，不足 4 笔的加英文字母"O"键结束，如："东"字的编码为 HVID，"华"字的编码为 PIPI。

（2）生僻字索引表设计。通过对生僻字结构的分析统计，建立了具有 780 个编码的生僻字索引表，满足了生僻字的建库需要。

（3）生僻字拼音建库。生僻字建库之后，需要进一步解决生僻字读音及汉语拼音的转写，主要包括以下内容。

1）拼音库中有很多生僻字，但在字库中没有且不是国标字，需要进行补充。

2）拼音库中的一些字为国标字，但部分发音与国标发音不同，需要根据康熙字典进行修改和补充。

3）拼音库中的个别字与字库中的字有细微差别，需要以字库中的字为标准进行修改补充。

4）拼音库中有重复的字出现，并且每次出现时的拼音不同，需要根据康熙字典进行规范处理。

（4）生僻字检索。系统采用C＋＋语言，设计了国家基础地理信息系统生僻字检索工具，实现了生僻字库与国标字库的无缝衔接，即将生僻字库作为国标字库 GB 2312 的补充字库实现了关联，使得生僻字像国标字一样具有同等的地位，可以在系统的任何输入端录入或者输出端显示，能够通过笔顺、笔数或两者综合索引的方式，实现对生僻字的检索以及其拼音的自动转译。测试表明，该生僻字检索工具可在 Windows2000 和 WindowsXP 上正常连续运行，有效解决了生僻字的检查和录入难题。生僻字检索工具的主界面图如图 4－36 所示。

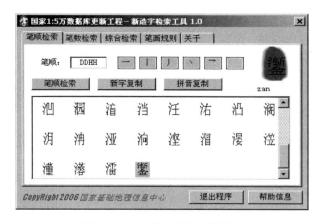

图 4－36　生僻字检索工具界面

4. 通用字库扩充集成

基础地理信息生僻字库的建成满足了基础地理信息数据中生僻字的录入、显示和信息共享等需求。但是，在地理信息应用方面，由于生僻字库只有一种字体，无法满足地图制图表达的需求，所以需要在生僻字库的基础上进行以下扩展。

（1）基于基础地理信息生僻字库扩充字体。生僻字库构建时只造了宋体一种字体，为了满足制图表达的需要，在生僻字库的基础上，扩充了仿宋、黑体、左斜宋体、细等线体、中等线体、耸肩中等线体等六种字体。

（2）生僻字库与通用字库的集成。扩充字体后的生僻字库通过与通用字库

（方正字库）进行集成，建立地形图制图字库，实现地形图制图数据中生僻字的多种字体显示，满足制图应用的需求。

（四）制图管理模块设计与实现

制图管理模块是为制图数据库系统的管理人员定制、构建的，旨在实现快速生产地形图、批量创建分幅式离线数据库、离线数据库信息的锁定、离线数据库的导出、离线制图数据向制图数据库的导入，以及两库的集成管理，具体包括制图数据预处理与制图数据成果的交付与入库，主要结构如图 4-37 所示。

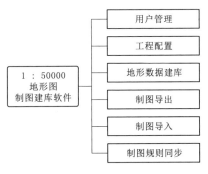

图 4-37　管理端结构

1. 制图数据预处理

首先制图数据库系统的管理端必须做好一系列的准备工作，然后为新数据赋予制图表达信息，再将其转化为制图数据，实现从地理数据到初级制图数据的转化，从而实现制图数据规模化生成。

经过该模块的预处理，70%～80% 的制图处理任务将自动完成，大大提高了地形图制图数据生产效率。具体制图技术流程如图 4-38 所示。

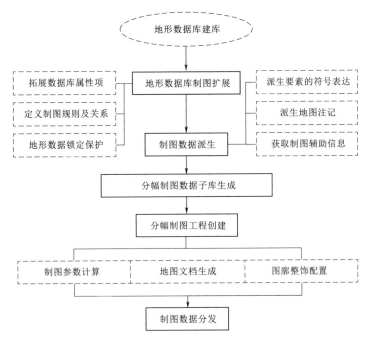

图 4-38　管理端制图流程

（1）建立初级制图数据库。根据地理数据库的制图数据模型，扩展地理数据库属性字段，用于存储制图信息；定义制图过程所必需的地图标注、地图掩码、制图表达规则，建立地理数据与制图数据关系；对地理数据库进行锁定保护，防止制图编辑中对地理数据的误操作，从而构建初级制图数据库的基本框架和信息。

（2）创建分幅制图数据子库。为了满足离线式、分布式制图数据规模化生产的实际需要，需创建分幅制图数据子库。分幅制图数据子库是基于初级制图数据库按照地形图分幅标准创建的制图数据子库。在创建过程中，对制图数据进行逻辑重组，调整图层上下顺序，解决符号压盖问题，提高制图表达效果；根据制图表达规则，自动配置地理要素的地图符号；利用属性项的名称和性质信息，派生图面注记，获取相应的制图辅助信息。

（3）分发初级制图数据子库。根据制图数据子库的分幅编号，计算相应的地图整饰参数，包括图幅所在的投影带、内外图廓及方里网、三北方向线、图例、等高距与坡度尺等内容，并配置图廓整饰要素，生成相应的制图工程文件。以制图工程文件的形式分发给各生产单位，具体内容如图4-39所示。

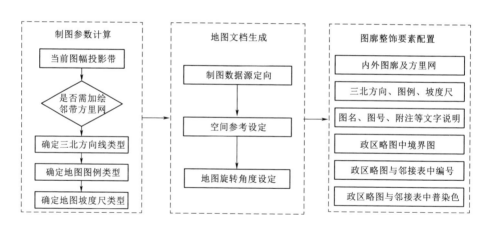

图4-39　分发初级制图数据子库技术流程

2. 制图数据成果入库

各生成单位的地理数据经过制图表达和检查验收后，其数据成果都会交付到制图数据库建设部门，进行统一入库，建成满足印刷要求的地形图制图数据库，实现全国统一的、连续无缝的、地理数据与制图数据的一体化建设。

（五）制图生产模块设计与实现

生产端是面向制图生产作业人员定制的，包括制图数据的输入输出、地图符号库与字库管理、制图模板管理、制图数据预处理、制图符号化与智能优化、人机交互编辑、注记智能配置、注记冲突检测、地图整饰、元数据管理、地图质量检查等功能，旨在提供大量自动/半自动化工具和友好人机交互界面，绝大部分的符号配置、注记派生与图廓创建等编辑工作可自动实现，少部分要求人机交互编辑，且编辑操作也配置了智能化工具，极大地提高了地形图的生产作业效率，满足了地形图出版印刷和统一建库管理的要求。生产端模块架构如图4-40所示。

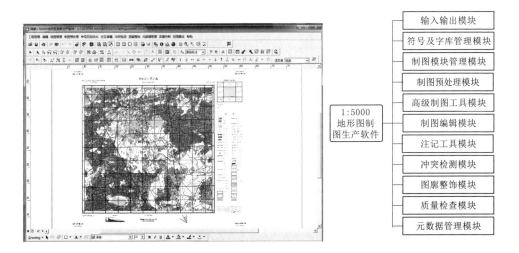

图4-40 生产端模块架构

首先在管理端进行制图数据的预处理，生产端直接利用来自管理端的制图数据成果进行制图数据的规模化生产，制作出符合国家标准的地形图制图数据，并生成印前数据和元数据。为了充分发挥各测绘单位的生产优势，系统设置了脱离主体数据库的分幅制图数据子库，对分幅的初级制图数据进行分布式处理，创建了新的生产工作模式。生产端制图数据生产的工作流模型如图4-41所示。

1. 制图数据优化调整

优化图层、符号和注记，保证制图数据中所有图面信息完整呈现，图面冲突降到最低程度。具体表现为：局部要素逻辑结构的调整、图层内部各要素之间的等级关系的调节；利用定制的自动调整和优化功能，对地图符号和注记进行批量处理，如桥梁与道路在宽度和角度上的协调、相邻面状河流的连通融合等，如图4-42所示。

2. 地图编辑与处理

利用定制的交互式地图编辑功能，对图廓内的地图符号和注记等内容进行个别调整，使各要素之间关系协调、配置准确、选取合理、内容正确，具体流

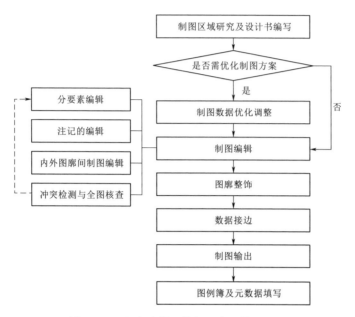

图 4-41　生产端制图数据生产工作流模型

图 4-42　制图数据优化调整

程及软件界面如图 4-43、图 4-44 所示。

3. 图廓整饰与图幅接边

按照规范要求，对自动生成的图外整饰信息进行编辑处理，正确表达内外图廓间的制图信息，完成接边，使制图数据成果达到标准地形图产品的要求，如图 4-45 所示。

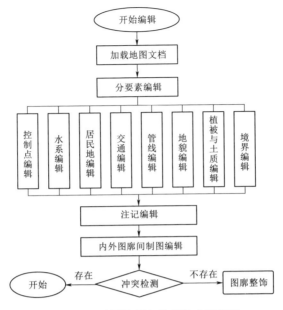

图4-43　地图编辑与处理技术流程图

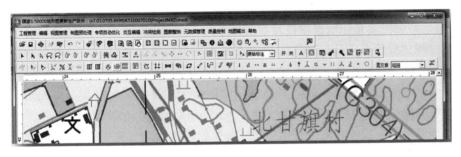

图4-44　制图编辑功能软件实现

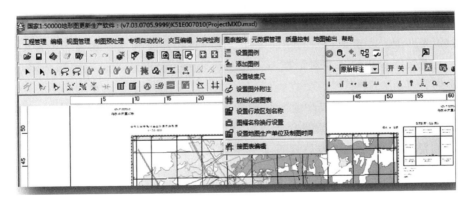

图4-45　图廓整饰

4. 制图输出与元数据制作

将矢量的地形图制图数据自动导出为 PDF 印前格式，满足地形图制版印刷的要求，并利用自动生成和手工填写相结合的方式，生成地形图元数据和图例簿。如图 4 - 46 所示。

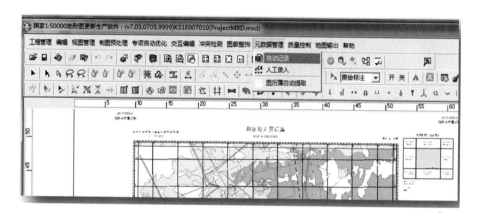

图 4 - 46　元数据管理

（六）制图质量控制模块设计与实现

过硬的质量水平是提升制图数据产品实用性的首要条件。结合制图数据生产流程，质量控制模块主要针对以下几点进行了设计。

（1）制图表达规则无效。对属性表的误操作或符号打散时都有可能造成要素属性表中"RuleID"字段值为"空"或"－1"，此时地图数据无法按照一定的规则符号化，模块将对其突出标识。如果错误类型为"空"，则需要重新执行"制图预处理＼检查空符号"命令，在此状态下对该要素做正确的符号配置；如果错误类型为"－1"，则需要核查该符号是否符合制图处理要求。

（2）国标码与制图表达规则不匹配。如果地理要素的国标编码与 RuleID 的字段值不匹配，会造成符号的错误配置。此时首先需要确认要素编码是否正确，然后打开制图表达的属性对话框（representation properties），按照国标码选择正确的符号。

（3）符号属性设置被改变。误操作改动了某个属性值，或者是为解决符号冲突问题而缩小符号等都会造成符号属性的变化，此时需要检查符号的大小、颜色、角度等制图表达属性是否被改变，并核实这种改动是否合理。

（4）符号较原始位置偏移量过大。错误地拖动符号或为解决压盖问题移动符号都有可能造成偏移量过大的问题，因此需要检查原始数据图形与后期调整过的制图表达图形之间的偏移量是否超过一定限度，经过图面核实后再酌情处理。

（5）内图廓与图形的交点数有变化。图幅接边处，如果原始数据图形和制图表达图形与内图廓的交点数目不一致，说明制图数据不能满足图幅接边的要求，需要对其整改。

（6）内图廓与图形交点偏移过大。检查图幅接边处原始数据图形和制图表达图形与内图廓的交点偏移量是否在合理的范围内。若偏移量过大，说明该数据不能满足图幅接边的要求。

（7）符号形状或位置被改变。除前面的（4）、（5）、（6）项的情况，图幅内可能还有其他的符号做了小小的移动或改变，需要检查是否符合制图表达要求。

（8）图形因修改而被破坏。在修改符号图形形状时，可能造成符号图形无效，比如1个点符号可能有2个节点重合、1条线少于2个节点、1个面少于3个节点等。针对此类错误，模块配备了自动化工具进行智能检查，经过人工干预将在原始数据位置自动生成正确的符号。

为了保证地形图制图数据产品的最终质量，质量控制模块基于地形图制图数据从生产、更新到建库组织的加工流程，从制图表达检查、成果数据入库检查、相邻图幅接边检查、增量检查、用户自定义问题几个不同的角度，设计了严谨的质量控制机制，并辅以智能化软件加以实现，具体结构如图4-47所示。

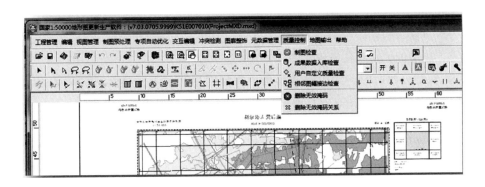

图4-47 质量控制模块具体结构

1. 制图表达正确性检查

为了保证图面表达的全面性、正确性与合理性，制图表达检查模块主要针对以下问题进行检查并辅以自动化工具加以智能实现：制图表达规则无效、GB码与制图规则不匹配、符号属性设置被改变、符号较原始位置偏移量过大、内图廓与图形的交点数有变化、内图廓与图形交点偏移过大、符号形状或位置被改变、图形因修改而被破坏、注记内容与要素属性不一致、掩码无对应实体要素等，如图 4-48 所示。

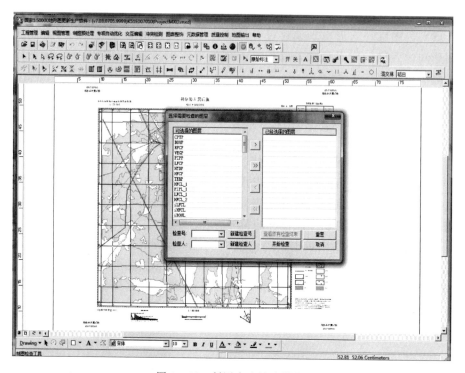

图 4-48　制图表达检查模块

2. 数据模型规范性检查

为保证分幅制图子库中的地形信息在制图生产中不被破坏，成果数据入库检查子模块针对地形信息编辑前后一致性进行检查，如图 4-49 所示。

3. 相邻图幅接边检查

为保证图廓处制图处理结果的连续性和一致性，需要对邻接的图幅进行接边检查。相邻图幅接边检查子模块针对以下问题进行检查：相邻图幅接边处图形交点数不同、相邻图幅接边处图形交点偏移过大、相邻图幅接边处制图规则无效、相邻图幅接边处制图规则不一致等，如图 4-50 所示。

4. 制图增量质量检查

数据库驱动的地形图制图采用增量更新的制图机制，即每次制图成果回收后，对比数据库初始状态，将分幅制图子库内制图编辑过程产生的变化量同步至数据库中。为了保证数据增量的有效提取，同时兼顾增量的合理性，制图增量检查子模块追踪每一项编辑内容对应的后台存储，保障制图成果入库的顺利进行，具体如图 4 - 51 所示。

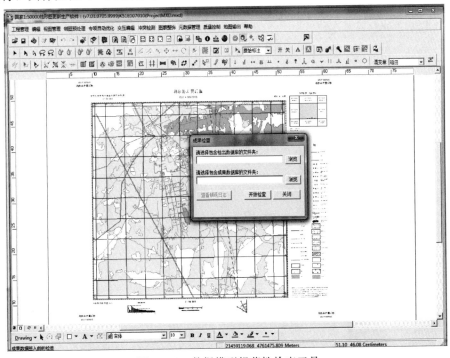

图 4 - 49　数据模型规范性检查工具

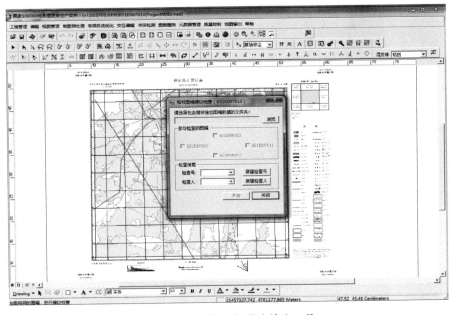

图 4 - 50　相邻图幅接边检查工具

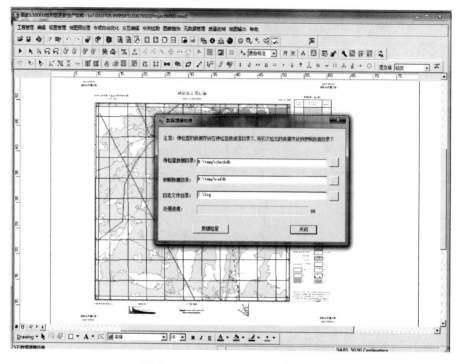

图 4-51　制图增量质量检查工具

第五章
国家1：5万地形图制图工程应用

面对新形势下地形图更新技术与当今测绘地理信息发展要求之间的矛盾，以及基础地形图数据库的完备性，国家测绘地理信息局在2008年对国家1：5万地形图制图工程进行了立项，利用更新后现势性强、可靠性高的1：5万地形数据库，借助空间数据库驱动的地形图制图数据存储模型和表达规则，研发相应的快速制图与集成管理软件系统，大大提高了地图符号化、注记派生、图廓创建等制图编辑工作的自动化水平，进而智能化地实现国家基本地形图制图数据的快速制图、集成管理、打印准备等，最终保质保量地完成了国家1：5万地形图制图数据库建设。

新版国家基本地形图制图与数据建库，是国家基础地理信息数据库动态更新工作的主要内容，它基于最新的地形要素数据库，采用空间数据库驱动的制图技术，完成了制图数据的规模化制图、更新与印刷，实现了全国1：5万地理数据和制图数据的一体化存储与集成管理。制图工程探索了先进的技术方法，取得了可喜的研究成果，主要如下。

（1）建立全新的地形图制图数据库，完成了国家1：5万地理数据的更新，并对相应的制图数据进行快速联动更新，实现了制图数据的规模化制图，其现势性截止到2012年，可快速通过打印输出提供使用，较好地满足国家经济社会发展对纸质地形图的迫切需要。

（2）从更新后的1：5万制图数据库中，以分幅的方式导出2.4万余个制图数据字库，并进行了标准印刷，现势性达到了2008—2012年。

（3）建立了全新的国家基本地形图制图的技术方法、工程组织模型、工作流模型，研制了高效实用的制图软件系统，形成了国家基本比例尺地形图的快速制图、统一建库、两库联动更新的技术体系与工作流模型，极大地提升了我国的制图效率与水平，基本实现了向信息化测绘下的地形图快速制图与更新的方式转变。

（4）工程牵头单位在"十一五"期间开展 1∶5 万数据库更新工程的同时，从 2008 年就积极主动地思考和探索如何利用国家基础地理信息数据库最新成果，快速制作能够满足多种应用方式的新版国家基本地形图制图数据及产品，同时还要顾及未来图库一体化存储管理和同步更新的需要。为此，进行了广泛的调研分析，并很快着手研发，经过反复试验、修改、完善，形成雏形系统，然后在试用中又不断地改进。面对复杂的 1∶5 万地形数据库，而且是先建库后制图，一路走来，不断探索和创新，解决了难以预料的种种难题，最后形成了真正实用的国家基本地形图制图软件系统。

（5）本工程采用空间数据库驱动的地形图制图技术，并在国家 1∶5 万地形图的制图数据生产、建库与更新过程中得到了全面的应用，其自动化水平高达 70%～80%。利用两年时间就首次完成了全国 2.4 万余幅制图数据的生产及图库一体化建库工作，在国内实属首创。在此基础上，进一步实现了 1∶5 万地形数据与制图数据的快速联动更新，并成功地将此套技术扩展到西部测图区 1∶5 万地形图和全国 1∶25 万地形图的制图数据生产与建库中。

一、工程概况

（一）工程建设背景

我国 1∶5 万等比例尺地形图绝大部分为 20 世纪 70—90 年代测绘或修测，内容陈旧，远远不能满足经济社会发展的应用需要。但是，由于缺乏相应的技术支撑，地形图的更新迟迟未开展，其现势性远远滞后于现势性强、可靠性高、更新速度快的基础地形数据库。

（1）基于数据库的地形图制图技术在国内外刚刚起步、尚不成熟，国内外均缺乏针对实际工程应用的解决方案和软件系统。制图主要采用平面图形设计软件（如 CorelDraw、Illustrator 等）、专业 GIS 制图软件（MicroStation、MapCAD、方正智绘、AutoCAD、MapStar 等）、通用 GIS 制图软件。

（2）国家 1∶5 万地形图属于中小比例尺，要素内容复杂，制图要求高；按目前的图式，制图表达冲突自动处理难度很大，国内外缺乏可以利用的技术和专业制图系统；地理数据库与制图数据库集成管理技术难度大，两库的快速联动更新更是难以实现。主要体现在以下方面。

1）在比较复杂的地图制图中，绝大多数制图软件不能完成整个制图工序，还需要使用其他多种软件，不同软件之间需要反复转换，工序繁琐，效率低。

2）大多数数字制图软件的数据成果为纯印刷文件（EPS 等），无法建库，不支持与地形数据快速联动更新。

3）利用已建成的中小比例尺地形数据库进行制图，绝大部分数字制图软件还要进行大量的制图数据预处理工作（如注记位置），效率不高。

4）利用现有的 GIS 软件进行制图，能够进行简单要素的地形图或专题地图的制作；但在国家1∶5万、1∶25万地形图制图中根本无法使用，质量达不到地形图要求。

面对新形势，国家测绘地理信息局于2008年启动了国家1∶5万地形图制图工程。同时，为满足广大用户对纸质地形图的实际需要，还要利用最新的地形图制图数据印刷纸质地形图。进入"十二五"后，国家测绘地理信息局每年开展动态更新与联动更新，并开展新版地形图制图数据的生产、建库和印刷。

（二）工程建设内容

为满足地形图制图数据集成管理、快速制图和同步更新的实际需求，在技术上，工程建立了一套基于空间数据库驱动的地形图快速制图与集成管理技术方法及工作流模型，研制开发了集成建库管理、制图数据生产、质量控制等软件系统；在应用上，还圆满完成了国家1∶5万地形图制图数据的规模化制图、更新和印刷等任务。建设内容具体如下。

（1）研究空间数据库驱动的地形图快速制图与集成管理技术。针对当前国家基础地理数据库管理以及更新的现状，并考虑到未来地理数据和制图数据的集成存储管理和同步更新的应用需求，本工程提出了空间数据库驱动的制图思想，并对地形图快速制图与集成管理的作业模式、技术方法、工作流模型等难题进行了深入研究。主要技术内容包括：

1）数据库驱动制图技术。

2）地形图快速制图工作流模型设计与实现技术。

3）地形图符号与制图字库系统设计与实现技术。

4）地形图制图数据的质量控制和自检查技术。

5）地形数据与制图数据一体化存储、集成管理和同步更新技术等。

（2）建立实用素材库及研制专用制图软件。根据所研究设计的技术方法和研究思路，建立适用于标准地形图的素材库，研制满足制图数据生产和建库的专用制图软件。具体包括：

1）含有生僻字的测绘制图字库。

2）符合标准图式规范的地形图符号库。

3）按照地形图图式要求创建标准地图模板。

4）面向制图数据库系统管理人员的管理端制图软件。

5）面向制图作业人员的生产端制图软件。

（3）大规模开展制图数据的制图、建库、更新和印刷。利用空间数据库驱动的地形图快速制图技术和研发的软件系统，配合相应的工作流模型，圆满完成了全国1∶5万制图数据建库工作以及规模化制图、更新和印刷任务。具体包括：

1）全国 2.4 万余幅 1：5 万制图数据的首次制图与一体化建库。

2）全国 2.4 万余幅 1：5 万制图数据的增量联动更新。

3）全国 2.4 万余幅 1：5 万地形图的印刷。

（三）工程建设目标

在充分利用全新的国家 1：5 万地理数据成果的基础上，国家 1：5 万地形图制图工程采用了空间数据库驱动的快速制图新技术，研究制定了基于地理数据库的地形图快速制图与集成建库管理的技术路线和工作流模型，开发研制满足工程化地形图制图数据快速制图和建库管理的制图软件系统，并开展了全国 1：5 万地形图制图数据生产与建库工程，实现了对全国地理数据和制图数据的一体化存储与集成管理，进一步开展了地理数据和制图数据的联动更新。同时，利用最新的地形图制图数据成果印刷纸质地形图，满足多种应用服务需求。

在分析数据源状况、已有技术条件、现行生产能力的基础上，制定如下工程建设目标。

1．规范制图数据库的建设，弥补当前地形图产品的空白

应用数据库驱动制图理念，严格按照国家基本地形图图式规范要求，在已有的地形数据库基础上，通过制图扩展，增加制图表达信息，在属性项中存储制图表达规则，通过属性驱动在数据库中自动实现大部分地图符号的配置和优化，完成国家 1：5 万地形图数据库建设。

国家 1：5 万制图数据库具有规范性强、现势性好、可靠性高的特点，不仅可以弥补当前地形图产品空白，而且将为其他中小比例尺缩编和各类普通地图、专题地图编制提供有价值的基础性资料。

2．联动更新机制普及，奠定快速制图基础

建立地理数据库与制图数据库的一体化存储模型，保证两库之间的要素级、符号级和注记级等数据的紧密关联，并利用地理数据库的更新增量信息进行同步更新，通过制图数据的增量自动识别、制图表达自动匹配，辅以自动化工具和少量人工干预，实现制图数据的同步快速更新。

联动更新机制的普及实现了图库一体化数据库的建设，能够保证在后续的各个地图制图环节，地形数据库与制图数据库的关联关系始终自动维护并保持一致，可以持续地对地理数据和制图数据进行快速联动更新。从而在实际生产时，能够极大地提高制图效率。

3．标准纸质地形图印刷，满足多方各类用图需求

全国连续无缝的 1：5 万制图数据库建成后，国家测绘地理信息局提出了印制 300 张/幅 1：5 万地形图的要求。面对规范性强、工作量大、工期要求紧的工程特点，优化制图技术，完善印前数据加工质量，保证规范性的 1：5 万印前数据 PDF 文件批量输出，利用 CTP 印前制版系统进行分色制版，采用青、品红、

黄、黑（CMYK）套印专棕进行五色印刷，直接提交印刷厂制版印制1∶5万地形图，高效率满足多方各类制图需求。

二、工程实施

（一）工程建设模式

针对国家基础地理数据库的技术现状，并满足国家1∶5万地形图制图数据库的建设需要，本工程研究建立了一套完整的地形图快速制图与两库集成管理的技术体系与工作流模型。在此基础之上，开展了国家1∶5万地形图制图数据的大规模制图、建库、印刷等工程任务，整个工程包括：把地理数据库中的2.4万余幅地理数据的现势性提升到2008到2012年之间；借助全新的1∶5万地理数据，对2.4万余幅所涉制图数据库字库中的重点地理要素进行联动更新，现势性达到2013年；填补西部测图区5032幅1∶5万地形图制图数据的空白；满足标准纸质印刷等任务。总体建设流程如图5-1所示。

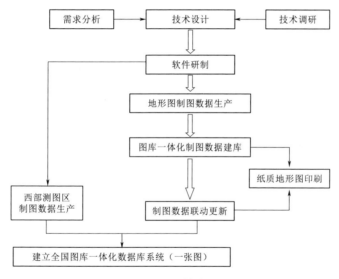

图5-1　工程总体建设流程

工程由国家基础地理信息中心牵头组织实施，并负责总体技术方案设计和数据库的建立与维护；陕西、四川、黑龙江、重庆、海南等5个国家局直属测绘单位参加制图数据的规模化生产。

根据我国现行的测绘系统组织管理体制，并基于统一的数据库层次模型，设计了管理端集中式在线建库与检出-生产端并发式离线编辑处理-管理端集中式在线检入与建库的工程组织实施模式（图5-2）。

中心先建立初始制图数据库，并检出分幅制图数据，分发给生产单位；生

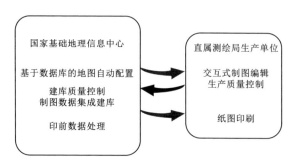

图 5-2 "集中-分布-集中"工程组织模式图

产单位对分幅数据进行制图编辑处理，质量合格后汇交中心；中心再进行集中建库，并生成标准分幅的地形图印前数据，向印刷单位提供；印刷单位负责纸质地形图的印刷任务。

（1）集中：在管理端，中心利用管理端制图软件，自动化高效率地完成基于国家基础地理信息数据库的制图数据库扩展，并统一检出分幅的初级制图数据，然后按任务规划方案分发给 5 个相关生产单位。

（2）分布：在生产端，生产单位接收自己所承担任务范围内的初级制图数据，在中心的统一组织协调下开展分布式、离线式的大规模制图，对每幅图进行制图编辑处理，经过二级检查形成制图成果数据，并向中心汇交数据成果。

（3）集中：在管理端，中心接收生产单位汇交的全部制图数据成果，开展全面的质量检查并组织生产单位集中一起对错漏进行修改，最后再将全部的成果数据集中入库，建立图库一体化数据库系统。

（4）印刷：对于需要印刷的数据，生成 pdf 印前数据格式，并向印刷单位提供。

（二）工程技术实施

国家 1∶5 万地形图制图工程，旨在利用现势性强、可靠性高的 1∶5 万地理数据库，构建一整套地图快速制图与集成管理技术体系和工作流模型，研发相应的制图生产与集成管理软件系统，进而智能化地实现国家 1∶5 万地形图制图数据库建设、两库联动更新、标准印刷等工作。工程总体实施流程如图 5-3 所示。

工程实施周期为 2008 年 3 月—2013 年 12 月，历时 5 年多，整个实施过程划分为一体化制图系统研发、国家 1∶5 万图库一体化数据库建设两大阶段。

1. 基于数据库的地形图制图系统设计与实现

2008 年 3 月—2009 年 12 月，进行需求调研、技术设计、软件开发、标准规范制定和生产试验，完成基于数据库地形图制图系统的设计与实现。

以数据库驱动制图为基本技术目标，设计基础地理数据库与制图数据库一

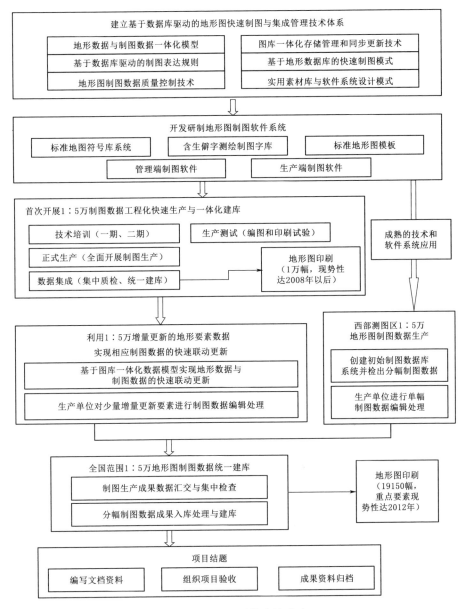

图5-3　工程总体实施内容

体化存储模型，创建地图符号系统，研究制图表达和优化调整规则，实现地形图快速制图，实施过程分为以下几个阶段。

（1）设计建立基础地理数据库与制图数据库一体化存储模型。设计地形与制图数据一体化存储模型及建模方法，研究分析基础地理数据430类要素的制图表达特性，通过对基础地理数据库进行物理结构扩展和逻辑结构重组，建立地形信息和制图信息的关联，建立地理数据与制图数据的一体化存储模型。制图数据库通过基础地理数据库驱动技术派生，在不改变地形数据前提下，可对制图数据的符号、注记、整饰等各种制图表示进行编辑修改，实现基础地理数据与制图数据统一管理，制图数据随地形数据同步更新。

（2）基于地理数据库的地图制图数据智能化配置。首先在基础地理数据库的数据模型基础上扩展制图数据库，形成一体化模型。再利用基础地理数据库、制图符号库、字库、图廓整饰素材库等，实现制图数据的自动配置和派生，然后通过智能优化、交互调整，建立符合国家标准的地形图制图数据库，实现地理数据库和制图数据库的一体化存储与集成管理。

1）建立基于要素属性自动配置地图符号的规则。

a. 建立基础地理要素国标码与地形图符号关联规则，按照规则，根据要素分类国标码自动配置地图符号。此方法特别适合于以简单符号（符号颜色、方向、长度、宽度等参数固定）表示要素的地图符号配置，如发电厂、水厂等点状要素，以及铁路、公路、街区等线状和面状要素。

b. 根据与相关要素的关系，计算要素符号配置的属性，如点符号角度、线符号长度和宽度等，然后通过多属性符号进行自动配置。这些要素如泉、车站、独立房屋等需计算符号旋转角度；再有如涵洞和桥，除方向外还需计算宽度。

2）设定优先级规则自动配置地图符号。

a. 各图层的压盖优先级设置：点、线、面要素图层分别自上而下压盖；人工要素压盖自然要素。

b. 各要素类的压盖优先级设置：在同一图层中，按要素重要性确定图形压盖优先级。如高速公路符号在最上，其他道路符号被其压盖。

c. 单个复合符号不同部分压盖优先级设置：按图形符号的点、线、面特征，自上而下压盖，如植被符号应依据填充符号、地类界、普染色自上而下排列。

3）地图符号优化配置。通过缓冲区分析、叠加关系分析、从属关系分析等空间分析手段，充分挖掘地形数据蕴含的丰富的空间信息，形成了一系列基于空间拓扑关系的自动化制图表达优化算法，进一步优化配置地图中的符号。如单线河符号线划粗细渐变的配置，利用河流骨架线和相关属性进行河网分析，对不同河段配置渐变效果。

（3）注记智能配置。建立注记配置规则，利用数据库中的要素属性自动派生地图注记，具有支持编辑、静态显示（静态存储为要素类）、动态更新（通过与空间要素关联）的特性。设置不同的权重作为避让的优先级，或设定冲突时的自动隐藏规则，以解决注记之间及其与符号的压盖冲突。

1）注记自动派生。地名注记严格按地名点属性值标注；性质说明注记，一部分依据属性标注（如等高线高程注记），一部分依据分类代码进行统一标注（如抽水站标注"抽"字）。注记样式依据在数据库中存储的注记配置模型，自动匹配字体、字号、字色、字间距、字头朝向、排列方式等。

2）注记定位。

a. 注记的自动定位：遵循重要性顺序法则，同时要避免定位后产生过多的图面冲突，造成注记之间互相压盖。注记的自动定位包括位置的配置和方向的配置：点状要素注记的定位依据9宫格模型优先级确定，旋转角度依据属性确定；线要素注记定位包括线上水平摆放、沿线切向摆放、沿线弯曲摆放、线侧弯曲摆放等共8种定位方式；面要素注记定位包括水平摆放、斜线摆放、弯曲摆放等。

b. 注记定位的优化调整：基于数据库的注记配置模型中存储冲突解决规则，提供注记冲突的解决方案，包括：设置要素类的权重来确定注记的层叠关系；设置相邻注记之间最小图上间隔；设置注记叠置与否；设置重复注记的删除与否等操作。

另外，基于数据库中地形数据的几何特征，针对注记定位进行空间和非空间数据的联合运算，形成了关于屈曲字列、雁行字列的特殊配置规则。如山脉、河流名称应沿着山脉、河流的走向分布，其标注内容从非空间数据的属性项中提取，而定位则与要素实体的几何特征相适应。

（4）地图整饰自动配置。采用由基础地理数据库的元数据派生出整饰要素的内容，定位规则依据国家标准图式标准，以外图廓为基础，辅以后台整饰要素素材库支持，得到最终图面图廓整饰效果。

派生的地图整饰包括：图名、图廓、图例、接图表、坡度尺、三北方向、图解和文字比例尺、坐标系名称、高程基准、等高距、编图单位、编图时间和依据等内容。

地形图内外图廓的生成则根据算法实时计算，精确生成各种比例尺地形图内外图廓，避免对已存储图廓信息的误修改。具体内容包括：从基础地理数据的经纬度坐标系转换为高斯投影坐标系；坐标北和真北方向的自动转换，同时保证图面注记的字头朝上效果不变；自动计算方里网及注记、内外图廓线、磁北线、图廓标注等信息，创建标准地图框架等。

（5）地图符号及字库系统研建。

1）组件式制图符号系统。针对基础地理数据要素特性，根据地形图制图表达和配置需求，设计采用可灵活编辑调整的组件式的符号，制作符合图示规范要求的制图符号系统。

根据地形图编绘规范要求，针对要素点、线、面符号表示的不同特性，研究确定每个符号组件的合理拆分，通过扩展要素属性，记录符号的配置、符号组件间关联关系、符号组件编辑处理结果等。例如对点状桥梁符号，除可调整桥梁方向外，可拆分编辑桥梁边线，以适应连接道路宽度的变化；境界线符号，可拆分调整线和点间距，以实现境界实线相交；新月形沙丘面符号，可拆分调整沙点密度和沙丘间距、位置等。组件式符号机制可在符号自动配置的同时，通过计算符号组件位置关系，自动对符号配置进行优化调整。

2）测绘地理信息字库设计研制。由于已有的字库系统中没有包含绝大多数的生僻字，这成为了困扰地形图规模化制图的一个难点。本工程收集国家和省级基础地理数据库和地名数据库的生僻字，经整理、造字，并建立生僻字库（4000 多字），基于 Unicode 进行编码和程序编译技术，将其整合融入标准的 Windows 字库，创建测绘地理信息字库系统。字库中有粗等线体、中等线体、细等线体、仿宋体、宋体等 5 种字体，正常字形、左斜、右斜、耸肩、长体、扁体等 6 种字形。为该字库系统配套设计相应的生僻字输入法，使生僻字地名可以与普通地名一样输入、显示、检索和制图输出。

（6）地形图快速制图与集成管理系统研制。在数据库驱动的地形图快速制图数据存储模型和规则基础上，研制开发相应的快速制图与集成管理软件系统，通过该软件系统，可以大大提高地图符号的配置、地图注记的派生、图廓的创建等制图编辑工作的自动化程度。对于部分需要交互编辑的，同时配备有智能优化工具，完整实现国家基本地形图制图数据的快速制图、集成管理、印前数据输出等。极大地提高了地图制图的作业效率，也最大程度地保证了制图数据成果的质量。

该软件系统涵盖 3 个尺度（1∶5 万、1∶25 万、1∶100 万）、2 套组件（制图软件、建库管理软件），构建了"数据库制图-交互制图编辑-自动质量检查-集成建库管理-地形图制印"的一体化作业平台，适用于多尺度地形图制图数据的大规模制图和制图数据库管理。

2. 国家 1∶5 万图库一体化数据库建设

（1）主要内容。

国家 1∶5 万图库一体化数据库建设包括以下三方面的内容。

1）1∶5 万制图数据库的建立。2010 年 1 月—2013 年 11 月，建立我国 2.4 万余幅 1∶5 万地形图图库一体化数据库。

2）1∶5 万制图数据联动更新。2013 年 1—11 月，基于 1∶5 万增量更新地形数据对全国 2.4 万余幅制图数据进行联动更新。

3）1∶5 万纸质地形图印刷。2012 年 1 月—2013 年 11 月，印刷全国 2.4 万余幅纸质地形图。

（2）生产作业模式。根据国家测绘地理信息局现行的组织管理体系，基于地形数据库的地形图制图数据生产与建库管理，一体化建设由管理端的制图数据初始建库和派生处理，到生产端的制图数据分幅编辑与批量制图，再回到管理端进行数据入库和制图建库处理三个大环节构成。

因此，在统一的地理数据库层次上，工程设计了一套完整的从管理端集中式在线建库与检出，到生产端并发式离线编辑处理，再到管理端集中式在线检入与建库的生产作业模式。

1）管理端制图预处理。在大规模开展制图数据生产工作之前，制图数据库系统的管理端需先做好一系列的准备工作，实现从地理数据到初级制图数据的转化。即将更新数据转化为包含制图表达信息在内的制图数据库，然后从制图数据库中导出分幅制图数据，创建制图工程，向测绘或其他生产单位提供初级制图数据。

a. 地理数据库制图扩展。根据空间数据库驱动的制图数据模型的设计方法，对地理数据库的属性项进行扩展，定义新的制图规则与要素关系，并且对地理数据库进行锁定，从而保护地理要素不被误操作而损坏，主要内容包括：

（a）对地理数据库的属性字段进行拓展，使之能够存储制图数据。

（b）对制图过程中必需的地图注记、地图掩码、制图表达规则、制图表达规则例外等制图规则进行定义，建立地理数据与制图数据的关系类，使两库紧密关联。

（c）锁定地理数据，使之不可编辑，减少对地理数据的误操作，从而造成地理数据失真。

b. 制图数据派生。根据事先构建的制图数据模型，将地理数据通过数据库转化生成制图数据，主要包括：

（a）生成地理要素的制图符号表达。

（b）生成地图注记：利用地理要素的属性项名称和性质信息，生成并配置地图注记。

（c）获取相应的制图辅助信息。

c. 分幅制图数据子库生成。为了实现基于数据库驱动制图，同时满足测绘行业的组织管理现状，需进行分幅制图数据子库生成，从数据库中派生出分幅制图数据子库，实现分布式、分幅式的制图生产。

d. 分幅制图工程创建。根据制图数据子库的分幅编号，计算地图整饰参数，配置图廓整饰要素，建立相应的制图工程，提供地图文档的初级产品，为制图生产提供基础。

（a）制图参数计算：根据地图分幅范围，计算当前图幅所在的投影带，确定地图是否位于分带经线邻近的两个图幅内，根据三北方向角确定三北方向线的组合类型，确定地图图例类型，确定地图坡度尺类型。

（b）地图文档生成：生成国家基本地形图标准分幅的地图文档，提供初级产品的地图文档，主要内容包括制图数据源定向、空间参考设定、地图旋转角度设定。

（c）图廓整饰要素配置：包括根据制图参数，生成内外图廓及方里网；根据制图参数，配置三北方向、图例、坡度尺等图廓整饰要素；根据地图整饰所需的制图参数，标注图名、图号、地图附注、出版说明等内容；配置政区略图中境界线；配置政区略图与邻接表中数字编号；配置政区略图与邻接表中普染色。

e. 分幅制图数据分发。根据制图作业规划，将管理端制图处理后的初级分幅制图数据和制图工程文件分发到各生产单位，用于生产端制图处理。

2）生产端制图加工。管理端进行制图预处理，生产端则利用其处理后的数据成果，依据数字地形图编绘的工作流模型，制作出符合国家标准的基本地形图制图数据，同时生成元数据和印前数据。

a. 制图区域研究及设计书编写。各生产单位结合制图区域的实际状况，对地物地貌的地理概况进行研究分析，依据本方案，对制图任务进行详细专业设计，并编写制图生产专业设计书。

b. 制图数据优化调整。

（a）图层组织再调整：依据制图生产设计书，分析制图区域的数据特点，并对管理端的制图成果的图层组织关系进行检核。根据需要调整局部要素的拓扑结构、各要素的叠置顺序、各要素之间的等级关系，不断完善和优化制图数据的图面表达效果，完整和正确地呈现制图数据中的所有图面信息，使图面效果达到最好。

（b）地图符号再配置：依据制图生产设计书，分析制图区域数据特点，对管理端的制图要素的符号设置进行检核，看是否需要再调整。主要内容包括：

■ 地图符号的检查及修正：根据制图的表达规则，针对同一要素可配置不同符号的情况，检查是否需要优化配置管理端符号。

■ 空符号检查：检查制图数据中是否存在空符号。

■ 自定义符号：对存在的空符号，定义新的符号并进行配置。

（c）注记再调整：依据制图生产专业设计书，分析制图区域数据特点，对管理端制图处理结果的注记设置进行检核，查看注记是否需要再调整，包括注记字体、字号、字形、字色等参数。

c. 制图编辑。在编辑分要素时，应该按其先后顺序进行，即：内图廓线，直角坐标网，平面控制点，高程点，水系、居民地及设施、交通、地貌、管线、植被与土质，境界，注记。特殊情况做适当调整。这样有利于协调要素关系。当编辑工作顺利完成后，需进行地图符号冲突检测和全图检核，以确保图内制图要素的编辑结果符合成图要求。检核后，若存在冲突符号，需进行再编辑，直至符合成图要求为止。

d. 图廓整饰。检核管理端制图处理结果的图廓整饰是否需要调整，重点对政区略图、图例、图外附注进行编辑优化。

e. 数据接边。检查相邻图幅跨图廓要素的接边情况，对于那些不接边的要素需进行接边处理，使得制图结果能够符合接边要求。由于国家基础地理数据库已经过严格的接边处理，所以在进行制图生产时，除必要的图面冲突需要协调外，一般应避免接边处的制图编辑，从而减少相应的编辑工作。

f. 制图输出。将最终的制图数据成果输出为 pdf 印刷格式文件，作为制图生产成果的一部分，用于地图印刷环节。

g. 元数据及图例簿填写。元数据及图例簿的填写应准确无误，应详细记载所编图幅的基本信息、制图生产情况、质量控制情况、图幅质量评价情况、数据分发信息等。图例簿中还应记录制图过程中所发现的地形数据中的错误，记录其异常类型、空间位置、GB 码，以及对异常处理的操作或意见，供制图数据汇交后的统一修改处理。

3）管理端制图数据入库。经过制图数据的生产、制图表达、地图符号的编辑以及检查验收等工作后，地形图制图数据成果包括 Geodatabase 格式的分幅地形图制图数据、Mxd 格式的制图工程文件、Excel 格式的制图生产元数据、pdf 格式的地形图印前数据。这些地形图制图数据成果将被汇总并交付到国家基础地理信息中心，由系统的管理端进行统一入库。最终，地理数据与制图数据可转化成能够统一存储和集成管理的一体化数据库。

（三）工程质量控制

1. 质量控制内容

整个工程的质量控制主要分为两个方面的内容：一是质量控制的对象；二是质量控制的内容。就质量控制的对象而言，不仅要对已更新的制图数据进行质量控制，当制图数据转换成 jpg 或者 pdf 格式的印前数据后，还要对印前数据进行质量控制。就质量控制的内容而言，不仅要控制地形图的图面整体效果与细节表达的质量，还要对基础地理数据的质量进行控制。其中，制图数据的质量控制主要是对基础地理数据的数学精度及其结构、地图整饰、图面表达效果等多个方面的内容进行质量控制。

在国家 1:5 万基础地理数据库的基础之上，相应的制图数据的质量控制与一般的制图数据的质量控制有所不同，主要是因为制图数据是基于国家 1:5 万空间数据库驱动的技术生产获得的。同时由于国家 1:5 万基础地理数据库是通过严格的采集、入库、审查与验收程序而建成的，而且国家 1:5 万基础地理数据由软件进行了安全锁定，在生产制图数据时，工作人员没有权限也不可能对基础地理数据进行修改，只能对地图的各项表达进行增加、删除、修改等操作，所以国家 1：5 万基础地理数据的数学精度及其结构都是符合要求的，没有必要进行二次质检。因此，本工程主要是对制图数据体、地图的整体表达效果、元数据与图例簿，以及成果完整性等内容的质量进行控制。

（1）制图数据体的质量控制。利用地理数据库进行制图扩展和符号化配置，派生出规范的制图数据体。其质量控制包括以下内容。

1）制图数据附属内容的质量控制：数据文件的命名是否规范、文件的组织结构是否合理、文件的格式是否符合要求、数据的各项工程文件是否齐全、工程文件的打开与关闭是否正常、工程文件与印前数据文件是否保持一致。

2）制图数据入库前的质量控制：经过空间数据库驱动技术生产的制图数据中的地理数据是否完整，是否存在错误修改；地理数据的各项属性是否遗漏，记录是否正确；经过制图编辑后是否存在无意义的要素。经过入库前的质量控制，可以保证制图数据符合制图数据库的入库要求。

3）地图表达的质量控制：地图的各项表达规则是否正确合理；国标码与地图表达规则是否合理匹配；地图符号的各项属性是否设置合理或存在误修改；为保证地图拓扑关系，地图符号位置的移动是否符合制图要求；注记配置是否符合制图规则，是否存在冲突。

4）相邻图幅接边的质量控制：相邻图幅接边处的制图数据、符号与内图廓是否存在一致的交点数；如果交点存在偏移，那么偏移的范围是否符合制图要求；接边图形的偏移量是否在规定的容差值之内；两相邻图幅同一数据的符号化方法与效果是否一致。

（2）地图的整体表达效果的质量控制。地图的整体表达效果的质量控制主要侧重于各要素之间关系的协调、注记位置配置和等级设定、制图符号生动化处理、整饰效果等方面。按照图面分布格局与特点，质量控制内容可归纳为以下几点。

1）主图要素的质量控制：对主图要素的制图表达效果是否合理，各主图要素的表达是否相互协调进行控制。其中主图要素可分为：测量控制点、高程点及等深点、居民地及其附属设施、交通及其附属设施、境界、水系及其附属设施、地形地貌、植被与土质、管线、地图表面注记等 10 大要素，该部分质量控制内容是整个表达效果质量控制的主体，尤其是发达地区的地图表达，其图面要素众多，要素之间的关系极其复杂，更要做好主图要素的质量控制。

2）图廓间和接边的质量控制：主要对首末方里网、破图廓要素、通达地标注、界端注记、图廓间注记、图幅接边等内容进行质量控制。其中接边的质量控制非常重要，一般规定东、南接边，西、北超边。若一幅图的四周都存在图，那么全部接边；若一幅图的四周都未成图，那么全部超边。

3）地图整饰的质量控制内容：主要包括对图名、图号、政区略图和邻接图表、图例、坡度尺、三北方向线、出版说明、附注等整饰内容的质量控制。需要注意的是，地图整饰的质量控制内容虽然简单，由软件自动生成，并准确配置到合理的位置上，但作为地形图上必不可少的内容之一，其质检过程必须认真、仔细。

（3）元数据和图例簿的质量控制。元数据结构和框架的生成工作来自于两个方面：一是由制图系统根据事先设计的结构和框架自动生成；二是元数据中的某些项需要人工来填写，从而难以实现自动化。因此在质量控制时，需先对软件自生成的内容进行质量控制，然后再检查人工完成的内容。

由于图例簿是在元数据的基础上由软件自动派生出来的，所以还需要检查图例簿与元数据是否保持一致。与此同时，对附属内容的齐全性和有效性进行核查，如签名、盖章等内容。

（4）各项文档资料的质量控制。在整个制图数据交付的过程中，各省的生成单位除了上交制图数据与地形图图件外，还应上交生产任务专业技术设计书、生产技术总结、生产作业单位的检查报告、主管部门的验收报告、生产任务图幅接合表、生产任务图幅清单、图例簿打印稿、资料清单等一系列文档资料。这些文档资料必须按照规范来书写，且内容齐全，不得残缺。文档资料的装订也必须符合规定，并签字、盖章。

在检查时，如果发现以上四大类七个子类中的质量控制内容存在问题，必须以图幅为基本单位进行问题汇总，并认真填写问题记录和日志，完整记录相关信息，包括图号、检查员、时间、检查方式、问题描述、修改建议、错误类别及个数、图幅打分、质量评定等。

2. 质量控制技术方法

目前质量控制的技术主要有三层质检体系：最底层上，通过软件自检的方式确定问题所在。由于计算机难以百分之百判定问题的正确与否，所以在中间层上，利用人机交互的方法，对软件检测出来的问题进行核查，从而最终确定问题并进行改正。通过前两层质检体系之后，还需要通过人工对最终打印出来的纸图进行最终综合检查，确保纸图正确无误。具体检查内容如下。

（1）软件自检。主要是根据设计的容差和质检算法，利用软件实现制图数据质量检查的自动化。自检的主要内容包括地图要素的拓扑关系（交通设施叠置、交通与居民地相对位置）、地图注记冲突等内容。软件自检能够发现地图中可能出现的错误或者因数据更新发生的编号错误，并对检查的结果进行统计记录和输出，同时软件还可对所检查的问题进行分类。为了提高软件自检能力，本工程根据事先设计的制图规则，调整容差，完善质检算法。虽然软件自检不能百分之百确定所检测出的问题正确与否，但能够大大减少本来需要人工检查的工作量，从而节约了时间，提高了制图效率。

（2）人机交互检查。虽然通过软件自检不能百分之百判定所查问题的对错，但能够将所有可能有问题的数据全部高亮显示，并统一输出。而且计算机还能够放大显示指定的问题，这不仅缩短了人工检查的时间，而且大大方便作业人员判断问题、改正问题，提高了工作效率。与此同时，由于软件对所检问题进行了分类，作业人员还可以根据错误类型进行检查。

（3）人工综合质检。人机交互检查主要侧重于地形图具体细节方面的问题。而对于地形图整个图面的表达效果，则需采用人工综合质检法。与传统的按要素类别检查的方法不同，人工综合质检法主要是按照方里网进行地毯式普查，这种地毯式普查的方式所需的工作量非常大。为了进一步提高效率，工程中将地图要素分为重要要素和一般要素，相应的综合质检也就区分成重要要素质检和一般要素质检。质检的方式有两种：一种是抽样详查，基本涵盖地图所有要素；另一种是全数概查，即对地图中重要要素进行检查。

综上所述，三种质检方法各有优缺点：软件自检法效率高，但不能百分之百确定问题错误与否；人机交互检查虽然效率低，但是能够对问题进行准确判断，并进行合理改正；而人工综合质检法可以及时检测出纸图上出现的错误，从而保证整个图面的表达效果符合地形图的制图要求。因此在实际应用中，单独使用某一种方法无法满足要求，需将上述三种方法结合起来，各取所需，取长补短，提高制图效率和水平。

3. 软件研发质量控制

国家1∶5万地形图制图建库系统在开发的过程中，严格遵循 ISO 9001—2000 质量管理和质量保障标准。为保证软件的质量，需从横纵两个方向同时实施，一是要求与软件生存期有关的人员都参加到软件研发过程中；二是要求所有软件建设单位齐心协力，对系统研发的全过程进行质量控制，不断完善系统的开发环境，提高系统的实用性与适用性。

为了进行软件的质量控制，从工程启动之初，就对软件的需求进行详细的调研，拟定工程建设的全部内容，明确软件的各个功能，同时还应指定软件的质量目标。为此，在系统研发的各个阶段都需进行检核和评定。具体检核与评定的内容见表5-1。

表5-1　　　　　　　　　　　软 件 质 量 目 标

质量因素	定　　义
界面友好性	用户界面友好、容易操作
安全性	软件发生故障、输入错误数据或操作不当的情况下，系统能够弹出警告响应
可操作性	系统在完成指定的功能时，运行结果符合业务的需求
风险性	系统研发工作的预算和进度在可控的范围之内，并且能够达到用户所满意的概率

续表

质量因素	定 义
可扩展性	改正或诊断系统正在运行时发现的错误所需的工作量
可改进性	修改或升级当前系统所需的工作量
易测试性	软件容易测试的程度
可移植性	把软件从一种系统环境移植到另一种系统环境时所需的工作量
可推广性	该软件的使用范围
适应性	使软件适应不同的规定环境所需的工作量
易用性	软件的易上手程度
针对性	从软件立项开始，就确定软件的质量目标，并在各个阶段逐一落实，而不是在检查时才改进质量
经济性	把软件的质量和实施研发该工程控制在一个适当的范围内

经过逐节点、逐模块和系统性测试，主要问题集中在系统异常情况处理、系统功能的正确实现、地形图数据入库的有效性检查、对用户需求的理解不够以及用户界面处理不细致等方面。软件测试人员会根据相关文档及测试用例对系统进行集成测试，并向软件的开发人员进行问题反馈，然后开发人员会对影响系统主要功能的缺陷做出修复，最终通过验证。

4. 数据库建设质量控制

为了保证国家1∶5万制图数据库的规范性、现势性和可靠性，工程主要从以下几个方面进行数据库建设质量控制。

（1）基于已建成的合格的地理数据库。新版国家基本地形图制图数据产品的生产，是基于最新的经过验收合格的国家基础地理信息数据库进行的。只有质量合格的基础地理数据，才能有合格的制图数据。在地形数据库的基础上通过制图扩展，自动派生的初级制图数据，不仅保证了地图要素的数学精度、地理精度、数据及结构的正确性等内容，而且大大减少了后续制图数据成果的质检工作。

（2）基于自动创建的标准地图模板。为满足国家1∶5万地理数据与制图数据的一体化存储与集成管理的应用需求，同时能够使两库在数据更新上保持同步，工程应用了数据库驱动制图理念，严格按照国家基本地形图图式规范要求。在已有的地理数据库基础上，通过制图扩展，增加制图表达信息，在属性项中存储制图表达规则，通过属性驱动在数据库中自动实现大部分地图符号的配置和优化。同时还建立地理数据库与制图数据库的一体化存储模型，保持两库之间要素级、符号级和注记级的紧密关联，利用地理数据库的更新增量信息，通过制图数据的增量自动识别、制图表达自动匹配，辅以自动化工具和少量人工干预，实现制图数据的同步快速更新。在此基础上，利用软件自动创建标准地图模板，从而形成了初级的制图数据产品，不仅大大减少了人工编图工作量，而且降低了单幅数据符号配置的错误率，提高了数字地图产品的质量。

（3）空间数据库要素定向锁定。对基础地理数据库中的图形信息、属性信息进行有针对性的编辑锁定，锁定范围可为特定数据层、要素类或属性项，制图过程中不得编辑修改锁定信息，但不限制对该地理要素所对应的制图数据进行编辑，不仅能够在制图数据库中自由编辑地图符号或注记，还可合理对注记位置进行移位、调换、旋转、编排移动等操作。通过定向锁定技术，确保基础地理数据库不被错误修改，避免引发制图数据质量问题。

（4）限定制图编辑变化增量的自动质检。建立制图数据库与基础地理数据库之间的关联规则，将制图数据库中人工编辑过的增量要素及其相关信息自动提取出来，一是只针对这些制图编辑过的增量要素进行质检，二是根据增量要素信息中制图编辑处理的方式和幅度，自动与制图技术规范要求进行检核，大幅减少质检工作量。

（5）基于一体化模型的差异对比检查。基于制图数据与基础数据的一体化存储模型和关联关系，根据数据库驱动制图下地图配置的规则和算法，建立逻辑一致性约束的质检条件，通过制图数据与地形数据的相互差异自动比对，对制图表达的完整性和正确性进行自动质量检查。

（6）基于空间计算的地图要素冲突检测。根据各图层、各要素类的地图配置、压盖等级、距离容限等规则，建立空间关系一致性约束的质检条件，通过对不同地图要素之间的空间关系计算、表达、判断，对地图要素的错误压盖、关系矛盾、不接边、距离过近等问题进行自动质量检查。

（7）严格实行二级检查一级验收制度。为确保制图数据的质量，在其生产的过程中，主要采取二级检查一级验收的制度。所谓二级检查就是首先在各省的生产单位进行一次检查，尽量减少人为错误，符合要求后，上交到国家基础地理信息中心，由中心进行第二次质检。质检的方式主要是将抽样详查与全数核查相结合，从而最大程度地保证数据的正确性。二级检查完毕后，再由国家基础地理信息中心负责数据的验收工作，并进行制图数据入库。

经过人工干预和计算机软件智能辅助，国家1∶5万制图数据库通过了质量检查，其规范性、现势性和可靠性得到了认可。

三、工程成果与效益

为满足国家基本比例尺地形图制图数据的高效生产、两库的一体化管理和联动更新的实际应用需求，国家1∶5万地形图制图工程利用了更新之后的规范性强、现势性好、可靠性高的地理数据库成果，研发了功能全面、界面友好、性能稳定、实用性强且能规模化地实施地形图制图数据的快速制图和建库管理的软件系统，同时对全国1：5万地形图制图数据的生产与建库进行了广泛实践，实现了对全国地理数据和制图数据的一体化存储与集成管理、地理数据和制图数据的快速联动更新，完成了地形图制图数据成果的标准纸质印刷。

（一）地形图制图数据生产及建库成果

1. 技术成果

（1）管理端、生产端数据加工模块的研发，智能化地实现了人机交互编辑、地形图符号化、地形图注记配置、图外整饰等功能。

（2）组件式制图符号系统和生僻字库系统的设计与实现，优化了地理要素符号，解决了地形图生僻字注记难题。

（3）当制图数据经过了编辑处理后，该系统通过对编辑后的成果进行数据库检入，并对制图数据与地理数据的要素关系进行重构，从而建立制图数据库。建成的制图数据库不仅包含了基础地理数据库的全部内容，还具有地理要素的符号化表达，真正实现了制图数据库与地理数据库的集成管理。

（4）进一步开发了制图数据库管理系统，建立了制图数据发布服务系统。

2. 数据成果

2010年1月至次年12月，我国首次采用全新的技术手段和技术方法组织完成了全国2.4万余幅1：5万地形图制图数据快速生产任务，大规模地制作新版国家基本地形图，从技术研究到人员培训都做了充分的准备。中心精心编写总体技术方案，2010年6月和8月两次集中举办技术培训会，向生产单位免费提供制图软件，随时提供技术支持。生产单位也投入了大量的人力物力，据统计，共投入制图编辑一线生产人员400余人、安装软件500多套，从生产人员到质检人员都努力接受新技术，严把质量关。至2011年12月完成了1：5万制图数据的第一次生产任务。

2013年，利用西部测图区最新的1：5万地理数据库数据，规模化地生产了西部测图区5032幅1：5万地形图制图数据，现势性在2006—2011年。

3. 成果价值分析

功能全面、界面友好的地形图制图系统凭借其人性化的设计以及优越的性能，已在国家1：5万地理数据库更新工程中得到了广泛应用，并获得一致好评。该系统不仅满足了国家1：5万地形图快速生产与更新的需要，也为其他比例尺地形图生产和更新奠定了坚实的基础。整个工程的技术创新完全自主，具有很高的现实意义。

新技术方法和制图工作流模型使得制图数据生产的效率明显提高，具体表现在以下几方面。

（1）一幅图的自动配置5分钟可以完成，对于要素简单区域及制图要求不高时，可直接输出使用，但不能达到地形图规范要求。

（2）交互式制图编辑的主要工作在于解决部分注记与要素、要素与要素之间的图形冲突。除此之外还要满足地形图规范的要求，如符号的间隔0.2mm、河流渐变、境界跳绘、以方向性符号表示的要素（沙土崩崖、露岩地陡石山、残丘地、示坡线）等。

（3）完成1幅1∶5万制图数据生产平均需5～6天，西部地区0.5～2天，东部地区5～10天。

（二）地形数据与制图数据间的联动更新

1. 技术成果

当地理数据与地图数据的一体化存储与基础管理工作完成之后，即可持续开展地理数据与制图数据的快速联动更新工作。我国在2012年开展地形重点要素更新任务时，采用了基于数据库的增量更新方法。以刚建立的国家1∶5万图库一体化数据库为更新底图数据，仅采集发生变化的有关要素，并标定更新变化信息、记录更新状态和更新时间，形成增量数据包。

在地形数据入库时只录入增量更新部分，并尽可能地保留原有的制图信息，再进一步根据已有的制图表达规则对更新要素进行自动符号匹配，初步实现制图数据的快速联动更新。地形数据与制图数据联动更新的工作流模型如图5-4所示。

（1）数据库结构升级扩展。为了记录每一个要素在更新前后的状态，实现地理数据增量更新，对原有的1∶5万地理数据库结构进行升级扩展，主要增加了数据库标识、版本标识和更新状态标识字段。当地理数据库升级扩展后，数据库中的每个地理要素均具有唯一的库标识，同一地理要素在更新前后的地理数据库中的要素编码是完全相同的，并翔实记录每一要素的更新变化状态和要素级的多时态信息。

（2）地形数据库增量更新。增量更新是指只对发生变化的地形要素数据的几何位置、属性及其关系进行更新。在地形数据入库时，根据记录的更新变化信息、更新状态和更新时间，只录入增量更新变化数据，并尽量保留原有的制图表达信息。

（3）制图表达规则自动匹配。在图库一体化数据库中已建立了标准的制图表达规则，依据此规则可以对更新要素实现自动符号匹配，至此完成地形图制图数据的初步联动更新。

（4）分幅制图数据子库检出。在完成快速联动更新的制图数据库中，为了对发生变化的增量数据进行少量的图面要素关系处理和制图编辑，需要检出分幅的制图数据子库，分发给生产单位。在检出过程中，由软件自动派生有关制图信息，创建制图工程文件。

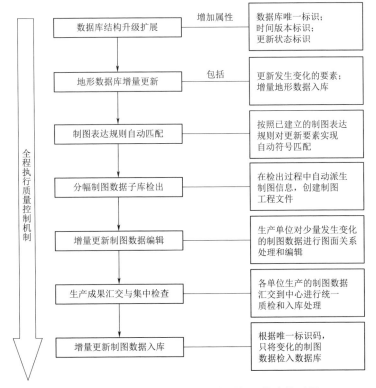

图5-4 基于数据库的快速联动更新工作流模型图

（5）增量更新制图数据编辑。生产单位以分布式的作业方式对增量数据进行图面要素关系处理和制图编辑。制图软件根据修改状态来自动标注图上增量变化要素，使作业人员能够快速锁定编辑目标。编辑完成后的标准分幅制图数据生产成果，汇交到中心进行入库处理。

（6）制图生产数据汇交与质检。各单位将生产的制图数据成果统一交付到国家基础地理信息中心，由中心进行统一的质量检查。为了提高效率，对于发现的问题和错漏，集中生产单位的技术人员对各自单位的错误图幅进行修改，保证制图数据能够满足建库和印刷要求。

（7）增量更新制图数据入库。经过质检和修改合格后的制图成果数据，一方面用于建库，另一方面供于印刷。在分幅数据检入数据库过程中，根据唯一标识编码和修改状态，只录入发生变化的制图要素信息，没有改变的要素不重新入库。

2. 数据成果

当全国1：5万重点地理要素数据动态增量更新任务在2013年初圆满完成之后，在前一版制图数据库的基础上，利用2012年建立的全国1：5万地形图图库一体化数据库模型，开始了对已过时的 2.4 万余幅 1：5 万地形图制图数据进行了快速联动更新，使重点要素的现势性全部达到了 2012 年。

由于只需对增量变化的少量要素进行制图编辑处理，并且在上版制图数据生产中积累了丰富的经验，所以此次联动更新的生产实施周期大大缩短，规模化制图只用了半年时间，至 2013 年 9 月底完成全部制图任务。为了按时完成任务，中心及时解决问题、提供技术支持，对于更换了作业队伍的单位，甚至派技术人员到现场帮助。

3. 成果价值分析

由于联动更新是基于两套数据之间的要素级、符号级和注记级的紧密关联，利用地形数据库的更新增量信息，快速更新制图数据库，大大缩短了更新周期，每幅图仅用半天时间即可完成。通过联动更新实践，总结出如下经验。

（1）市场上没有用于制图数据联动更新的软件系统。

（2）可基于数据库或图幅进行更新。

（3）这次联动更新工天约为初始制图的 1/10，平均约为 0.5 天。

（4）后续动态更新缩短周期，要素变化量更少，制图数据库更新更快。

（5）本工程实现了制图数据库与地理数据库的增量要素联动更新，两者之间的更新基本同步，避免了重复制图，极大地节省了工作人员的制图工作量。

（三）基于一体化数据库的标准纸质地形图印刷

1. 技术成果

图库一体化数据库系统可直接用于打印输出标准分幅的纸质地形图或为制版印刷地形图提供印前数据，也可以向用户提供任意范围的矢量图形和栅格方式的数据文件，满足多种用途的需要。

为了能制作出高质量、低成本的纸质地形图，在正式印刷之前，先利用试验生产的制图数据，进行了多方面的出图研究试验，解决了字库、符号库、色彩配色等在印刷过程的问题，确定了此次制图数据生产的印刷路线。印刷试验内容见表 5-2。

表 5-2 印刷试验内容

序号	试验内容	试 验 方 式 和 目 的
1	成图方式试验	分别进行了绘图仪喷绘、数码打样、油墨印刷等各种类型的纸图成图试验，测试不同路线的效率及成本
2	不同地貌试验	试验不同地貌类型数据的成图效果，检验印刷路线是否满足所有图幅的成图需求
3	四色印刷试验	检验传统四色套印方式下的成图效果能否满足新版地形图图式的要求

续表

序号	试验内容	试 验 方 式 和 目 的
4	专色印刷试验	检验专色印刷方式下等高线的印刷效果
5	字色试验	经试验发现，植被密集地区的自然村名印刷效果不佳，将图式规定的 K70 字色调整为 K100 进行了再次试验，效果明显改善。上报国家局，经批复，同意此工程实施过程中将此注记字色定为 K100
6	等高线粗细试验	检验等高线密集地区，适当减小等高线宽度后的成图效果

2. 数据成果

利用一体化数据库制图系统，可直接输出标准分幅的纸质地形图或为制版印刷地形图提供印前数据，也可将全国地形图成果输出任意范围的矢量图形和栅格方式的数据文件，提供给用户使用。

应多方各类需求，2012 年印刷完成了 10000 幅现势性在 2008 年以后的纸质地形图；2013 年，对于现势性在 2008 年以前的 9150 幅地形图，经过联动更新以后再完成纸图印刷任务，重点要素的现势性达到 2012 年。

（四）效益分析

1. 社会效益分析

经过深入研究和大量试验，通过自主创新，形成了一套基于空间数据库驱动的地形图快速制图与集成管理技术体系，设计实现了规模化制图的工作流模型和生产模式，研发了一套实用性强的地形图制图软件系统，系统性地克服了地形图制图数据的规模化制图、集成管理和同步更新等技术难题。

工程成果有效地实现了工程化的推广和应用，成功地应用于国家 1∶5 万、1∶25 万、1∶100 万地形图制图数据的规模化制图、联动更新与建库工作中，有力地保障了新版国家基本地形图制图与数据建库工程的顺利实施，具有显著的社会效益，具体介绍如下。

（1）新版国家基本地形图制图数据内容丰富、资料翔实、现势性高、实用性强、产品规范，可为我国社会发展和经济建设提供更加科学、便捷、实用的测绘保障服务。

（2）新版的制图数据成果表现形式多样，既可以直接用于打印输出纸质地形图，也可以为地形图制版印刷提供印前数据，还可以为用户提供任意范围的矢量图形数据文件，以及可以提供标准地形图分幅的矢量或栅格数据文件，应用范围更加广泛，应用形式更加灵活，将大大拓展基础测绘产品的应用领域。

（3）工程首次建立了图库一体化数据库，并已经成功地实现了国家 1∶5 万地理数据与制图数据的快速联动更新，今后还可以持续地完成国家 1∶5 万乃至其他基本比例尺地理数据与制图数据的同步更新，从而满足快速制图的需要，大大提高了我国基础地理数据库快速更新的能力和水平。

（4）工程的研究成果，可以推广应用于其他比例尺地形图的制图、更新及建库工作中，为持续开展的国家级和省级基础地理数据库的建设与更新提供了技术支持与保障。

2. 经济效益分析

作为基础性、公益性行业，测绘业主要追求的是社会效益，很难实现明显的经济效益，但本工程在兼顾社会效益的同时，也取得了明显的经济效益。工程研究的技术成果已在我国首次开展的 1∶5 万、1∶25 万、1∶100 万地形图制图数据生产和建库中，以及后续的地形图制图数据联动更新中，得到了全面的实际应用。仅就制图软件一项而言，累计推广应用约 4000 套，全部免费下发各生产单位，如果按照制图软件系统估价 5 万元/套计算，可创造收益超过 2 亿元。

国家 1∶5 万地形图制图工程提供了一套完整的地形图制图技术方法、生产模式和工作流模型，并研发了一套实用性强的地形图制图系统，形成了国家基本地形图快速制图、集成建库、联动更新的技术体系。通过新技术、新方法的全面实施和应用，可大大提高地形图更新的工作效率，保障成果数据的质量，减少了购置软件的预算，从而有效提升了我国地图制图与快速更新的能力与水平，实现了向信息化测绘下的地形图快速制图与更新的方式转变。

第六章
《国家普通地图集》编制应用

新世纪版《中华人民共和国国家大地图集》（简称《国家大地图集》）是当今中国发展成果融汇的里程碑，编制《国家大地图集》是适应新常态、落实"四个全面"总体布局、塑造国家发展形象、进行国际交流的重要工程。《国家普通地图集》是《国家大地图集》系列的首卷，较详细地表现了我国水文、地势、居民地、交通、政区、土质植被等基本要素的空间分布，是全面反映我国地理国情、服务国家建设、助力宏观决策的重要信息平台。

本章主要从图集编制概况、组织实施、编制成果及工程效益分析等方面阐述了空间数据库驱动的制图技术在《国家普通地图集》编制工程中的应用实践，具体内容如下。

（1）从《国家普通地图集》编制背景、内容及目标三个方面，介绍了图集编制工程的整体概况。

（2）针对《国家普通地图集》编制工作，首先简单介绍了整体实施情况；然后从支撑软件系统研发、数据库建库、纸质版地图集编制、网络版地图集平台建设以及标准规范研制五个角度出发，详细介绍了具体实施过程；最终，从总体出发，具体介绍了质量控制与管理措施。

（3）针对工作成果，首先从地图集编制设计理念与方法体系、地图集编制数据库建设与管理技术体系两个角度入手，介绍了所形成的技术成果，然后具体介绍形成的地图集数据库成果以及地图集编制成果，最终通过介绍形成的标准规范成果，为相关工作提供标准参考。

（4）针对《国家普通地图集》编制的成果，从社会效益、经济效益两方面进行了比较全面的评价和分析。

一、编制概况

（一）工作背景

《国家普通地图集》是《国家大地图集》系列的首卷，其编纂是一项十分重要的基础性工作。它全面展示了我国的基础地理信息内容，较详细地表现了与经济社会和人民生活密切相关的水文、地势、居民地、交通、政区、土质植被等基本要素的分布，是全面了解我国发展现状与水平的重要基础资料之一。前两版《国家大地图集》是当时最全面、最详细地反映中国社会经济面貌的地图集，对加强国际学术交流，增进各国对中国的了解，提高中国的国际声誉产生了重大影响。但近 20 年来，我国基础设施建设、经济与社会突飞猛进地发展，原有地图集已不能真实、客观反映我国地理国情现状。同时，人们对地图集的需求和用图方式日趋多样化，对图集内容的现势性提出了更高的要求，传统的编制手段和展现形式已不能满足人们日益增长的地理信息需要。进入 21 世纪，随着对地观测技术与计算机信息技术的发展，地图制图数据资源海量增长、应用领域广泛渗透、服务模式深刻变化。在中国特色社会主义的新时代，我国有更加充足的理由和自信，编纂反映新时代成就的《国家普通地图集》。

为了适应新时代的发展需求，科学技术部于 2013 年 6 月启动了"新世纪版《中华人民共和国国家大地图集》编研（2013FY112800）"科技基础性工作专项的重点项目，并开展示范工程建设，为全面编纂《国家大地图集》奠定基础。

（二）工作内容

针对《国家普通地图集》编制需求，研究建立一整套数据库驱动的快速编制国家大型综合性地图集的技术方法与流程；开发研制地形图自动缩编、制图数据快速生产、地图集自动设计、质量控制等软件系统；利用此技术方法和软件工具，完成全国 1∶100 万地形图制图数据生产、建库、联动更新、范围扩展，完成《国家普通地图集》数据库建设，完成纸质版和网络版《国家普通地图集》编制等。主要内容如下。

（1）研发制图数据自动缩编和快速生产软件：针对从 1∶25 万到 1∶100 万地形图数据的缩编，研究缩编过程中能够实现自动化处理的模型方法、程序算法等关键技术，开发一套自动处理和人工交互相结合的缩编程序，包括数据提取、分层处理、数据编辑、质量检查、元数据录入等模块，扩展 ArcMap 在缩编生产中的自动化处理功能，充分发挥缩编算法的优势，满足 1∶25 万到 1∶100 万数据库的缩编要求，提高生产效率；根据所研究设计的 1∶100 万地形图快速制图与集成管理技术方法和研究思路，基于现有空间数据库驱动的地图制图软件系统，建立适用于标准地形图的素材库，研制满足制图数据生产和建库的专用制图软件，包括含有生僻字的测绘制图字库、符合标准图式规范的地形图符号库、按照地形图图式要求创建标准地图模板、面向制图生产作业人员的制图软件，提高 1∶100 万地形图制图数据的生产效率。

（2）开展全国 1∶100 万制图数据生产、建库和更新。利用所设计的技术方法、工艺流程和研制的软件系统，构建新型的国家 1∶100 万制图数据库模型，实现国家1∶100万数据库与1∶25万、1∶5万数据库之间数据模型的统一，为将来1∶100万数据库与1∶25万、1∶5万数据库联动更新奠定基础。利用最新的1∶25万和1∶5万数据库增量更新数据，对1∶100万制图数据进行全面缩编或局部修编更新，建立国家1∶100万基础地理信息图库一体化数据库。采用增量更新技术，持续利用1∶25万增量更新数据，每年对国家1∶100万制图数据进行1轮联动更新，大大提高多尺度国家基础地理信息数据库的现势性。

（3）研究设计《国家普通地图集》编制技术体系。针对《国家普通地图集》多尺度、多区域、多图种的特点，运用系统论思想和系统工程方法，进行地图集内容结构设计和选题研究，并开展幅面和分幅设计、地图投影与比例尺设计、图幅编排次序设计、图面配置设计、表达方法设计、图式图例设计、地图整饰设计、图集装帧设计等，为新世纪版《国家普通地图集》编研提供全新的设计理念和技术方法。为了提高地图集设计效率和技术手段，基于基础地理信息矢量数据，利用现有的CS开发环境，研发系列实用高效的地图集数学基础自动设计插件，探索一条新型快捷的地图集数学基础技术路线，实现基于基础地理信息数据的数学基础系统化构建与可视化研究。通过制图区域经纬度范围与实地尺寸的自动获取、投影参数的程序化计算、投影变形的图形化显示，实现地图投影的系统化构建、比例尺的交互式设计以及投影变形的可视化分析。

（4）设计建设《国家普通地图集》数据库。首先收集整合境外基础地理信息数据资料，以国家1∶100万基础地理信息数据库为核心，顾及空间数据库的扩展性和一致性向外扩展数据范围，建立我国及周边1∶100万基础地理信息数据库，满足图集编制的基本要求。然后收集用于制作此图集的各种数据和资料，对其进行分析研究、分类整理、汇总处理，包括基于地图集制作平台软件，对数据进行尺度变换、坐标统一、分类一致、语义映射等融合处理，创建海量数据分类分级的体系结构，提取汇总专题数据，生成各种统计图表，进行空间位置坐标关联，实现专题信息的空间化等，设计面向纸质印刷和网络发布的空间数据库结构，建立《国家普通地图集》数据库。最后基于空间数据库套框裁切图幅数据，利用地图集数学基础自动设计插件，实现基于矢量数据库的地图投影和比例尺的自动调整可视化设计，建设不同比例尺、不同区域、不同图幅以及结合专题特色的国家普通地图集数据库，在制图软件环境下支持行政区划、居民地、交通、水系、地貌、地名注记等地理要素多图层组合。

（5）研究编制纸质版《国家普通地图集》。遵照科学性与艺术性并举的原则，基于图幅数据库编辑处理纸质版《国家普通地图集》。参照国家已有的编绘规范，根据各图幅的内容特点，制定编绘作业方案，确定要素选取标准、综合原则，依托现有的图集制作软件平台，对图形和注记进行编辑调整，反映国家与区域尺度的水系、交通、境界、居民点、地貌、地类等普通地理要素的空间分布格局。同时注意主邻区要素选取指标的差异对比性，兼顾相邻图幅数据的共享与协调，减少重复劳动并保持地理实体的一致性。在图形数据基础上，进行地图符号调配、色彩总体规划、图面布局调整、图外整饰、图集整体装帧等美化处理，使图面内容层次分明、结构清晰，并使整本图集风格一致、系统性强，增强国家级地图集的视觉表现力。

（6）设计开发网络版《国家普通地图集》。依托"天地图"国家地理信息公共服务平台，依据相关技术标准规范和支撑运行环境的安全保障规定，利用纸质版《国家普通地图集》印前数据，采用面向服务的体系架构，设计开发了网络版《国家普通地图集》的系统总体框架、数据库结构、网络应用功能，并完成数据加载工作。该网络版包括国家普通地图集数据层、内容管理层和地图浏览服务层，支持各种地图阅读客户端，为广大用户提供一个基于网络平台的普通地图界面和以地图为表现形式的分析与表达工具。

（三）工作目标

作为《国家大地图集》首卷，《国家普通地图集》主要应用最新的国家基础地理信息数据库模型和数据库驱动制图技术，建立国家1∶100万地形图制图数据库，使其与国家1∶5万、1∶25万基础地理信息数据库协调一致，未来可以联动持续更新；然后在《国家大地图集》目标框架下，基于国家多尺度、多类型基础地理信息数据库，经过综合分析、数据重构、范围扩展、专题数据整合等，建设《国家普通地图集》数据库，同时在研究实践基础上，通过系统梳理、指标调整、法规印证、生产验证，从国家层面设计编制《中比例尺公开基础地图数据规范》标准；最后基于《国家普通地图集》数据库，编制纸质版和网络版的《国家普通地图集》，研究并揭示国家与区域尺度的水系、交通、境界、居民点、地形地貌、地类等普通地理要素的相互联系、相互制约的性质，以及时空分布格局，为政府管理决策、科研和教育等提供参考资料，也为科学普及和公众生活提供有益的信息服务。

除技术体系、支撑软件等技术成果外，形成了包括普通地图集数据库、纸质版地图集印前数据、网络版地图集发布系统等数据成果。其主要内容如图6-1所示。

1. 国家普通地图集数据库

国家普通地图集数据库由普通地理图数据库（包括主要要素图层）、专题图数据库、城区图数据库、影像图数据库等构成。

（1）数据库内容。普通地理图内容包括定位基础、境界、居民地、地名、交通、水系、管线、地貌、土质与植被等9大类要素的空间位置、属性信息及相互间空间关系等数据，按照一定的规则分层，执行国家分类编码标准；专题图数据库内容包括世界政区、世界地势、中国政区、中国地势、中国影像、中

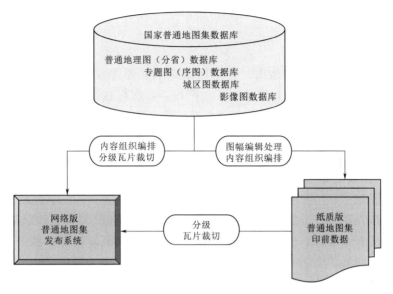

图 6-1 《国家普通地图集》编研成果关系图

国海域等 20 个专题、40 多个数据层的内容；城区图数据库包括我国 34 个省级行政中心城市、5 个计划单列市的城区图矢量数据，并包括地貌晕渲背景图数据；影像图数据库包括全国范围多尺度（2～30m）影像图数据。

（2）数学基础。采用 CGCS2000 国家大地坐标系和 1985 国家高程基准，采用经纬度地理坐标投影，坐标单位为度（°）。

（3）精度要求。数据库数据精度符合公开版地图精度要求，几何精度约 200m。

（4）数据格式。矢量数据采用 ArcGIS 的 GeoDatabase 数据库结构，实现地形数据与制图数据一体化无缝存储。影像数据采用 tif 格式。

（5）数据现势性。现势资料要求在 2015 年之后。

（6）数据范围。全国专题地理底图数据范围是东经 66°～138°，北纬 0°～56°，按照国家标准地形图分幅，覆盖 168 幅 1∶100 万地形图图幅。分省普通地理图范围，覆盖各省图幅所充满的区域，数据范围涉及约 116 幅 1∶100 万地形图图幅。城区图数据包括 39 个主要城区。影像图数据为全国范围。

2. 纸质版普通地图集

纸质版普通地图集采用 4 开本大小，要求不少于 340 个页面，由序图图组、省区图组、城市图组、地名索引等构成，每个图组又由若干相互有联系的图幅构成。根据各图幅的地理位置、大小、形状，采用不同的数学基础，其中：世界图采用等差分纬线多圆锥投影；中国全图采用等角斜轴方位投影；全国性专题图、省区图、典型区域图采用双标准纬线等角圆锥投影；城区图采用高斯投影。印前数据格式为 PDF 或 EPS。

3. 网络版普通地图集

系统功能：基于"天地图"开发网络版国家普通地图集，具有地图浏览、查询、地图下载、地图打印等功能；地图内容：利用普通地图集数据库和纸质版地图集印前数据生成的瓦片数据；数据格式：瓦片采用 PNG 格式。

二、组织实施

（一）组织架构

在科技部、原国家测绘地理信息局的领导下，由国家基础地理信息中心牵头，中国测绘科学研究院、黑龙江测绘地理信息局、武汉大学测绘学院等 10 家单位及相关专家参加，共同成立了项目部，并以总体设计组为总领，下设数据库建设、纸质版图集编制、网络版图集开发以及标准定制共四个专项技术组，推进各项研究的实施。同时通过设置专家组，聘请相关专家学者进行技术指导与咨询，确保数据库驱动的国家普通地图集编研技术及应用的各项工作顺利开展。各工作组具体职能如下。

（1）总体设计组。根据总体设计要求，针对数据库建设及地图集编制特点和需求，开展前期的关键技术研究和试验，设计相关技术方法与生产工艺流程，编写总体设计方案、相关技术规范和数据规定，研究制定国家标准。

（2）数据库建设组。在总体设计方案的指导下，进行国家 1∶100 万基础地理信息图库一体化数据库，以及国家普通地图集基础地理图数据库、专题图数据库、城市图数据库、地表覆盖图数据库、影像图数据库等建设工作。

（3）纸质版编图组。基于国家普通地图集数据库，研究纸质版地图集快速编制的技术方法，完成纸质版《国家普通地图集》350 多个页面地图的编制工作。

（4）网络版开发组。基于"天地图"网络平台，开发地图集网络发布功能，利用纸质版《国家普通地图集》印前数据，建立网络版《国家普通地图集》。

（5）标准制定组。在数据库建设和地图集编研实践基础上，系统研究已有相关标准，参考各项技术规定和数据规范，编制《中比例尺公开基础地图数据规范》，并进行实际验证。

（6）相关专家组。根据不同实施阶段的需要，先后聘请国内著名的数据库建设、地图制图、数据标准编制、地图美化及装帧设计等相关行业专家，组成相关专家组，为本工作提供技术指导和咨询。

（二）实施过程

首先针对国家大型普通地图集智能编制需求，开展了相关技术研究和软件研发，制定数据标准规范。然后以国家 1∶100 万基础地理信息数据库为核心，对数据库范围进行扩展补充并持续更新，建立了《国家普通地图集》数据库，再基于数据库设计编制了纸质版《国家普通地图集》，进一步开发了网络版《国家普通地图集》。最终形成了技术体系与标准、国家普通地图集数据库以及国家普通地图集编制等一系列成果。

1. 支撑软件系统研发

《国家普通地图集》编制的支撑软件主要包括自动缩编软件系统以及制图数据更新软件。

（1）自动缩编软件系统研制。针对《国家普通地图集》多尺度图幅数据缩编需要，以从 1∶25 万缩编为 1∶100 万地图数据为研究重点，进行中小比例尺智能缩编软件研发，首先满足 1∶25 万到 1∶100 万数据库缩编要求，然后向 1∶125 万、1∶130 万、1∶200 万、1∶300 万、1∶400 万等小比例尺扩展应用。为此，以自动化缩编处理的模型方法、程序算法等关键技术为基础，开发一套自动处理和人工交互相结合的缩编生产软件——EditMap。该软件主要包含数据提取、分层处理、数据编辑、质量检查、元数据录入等模块，提供了投影变换、数据组织、属性项修改、新旧百万要素对照转换、各类要素自动选取＼综合＼化简、人工交互要素图形＼属性编辑、质量检查、元数据录入等功能，并采用一键式按钮来解决对应问题，从而提高生产效率和自动化程度。该软件大规模应用于中小比例尺地图数据的更新生产，提高数据库缩编更新效率 40% 以上。程序设计开发过程分为需求分析、功能设计、编程开发、成果输出 4 个步骤（图 6-2）。

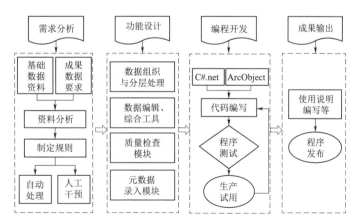

图 6-2 EditMap 程序设计开发流程图

1）需求分析：主要是对数据源资料、缩编后的成果数据进行分析，确定对比关系和缩编转换规则。数据源资料主要包括 2012 版 1∶25 万数据、旧版

1：100 万数据、海岛礁（927）测绘一期工程成果、1：100 万 DEM 数据等；缩编后的成果数据为新世纪版国家 1：100 万数据库，共 77 幅，9 个数据集，31 个要素层。

2）功能设计：主要包括数据组织与分层处理、数据编辑及综合工具、质量检查模块、元数据录入等 4 个模块。

a. 数据组织与分层处理模块：主要包括数据转换、数据拼接、投影、融合、字段整理、删除多余要素、要素关系调整等数据组织整理功能，以及水系层水系网选取、指标内面状水系变点、河流综合化简、不合理结构线处理、道路层附属设施选取、修改街道属性、去微小道路、道路弯曲化简、居民地层取舍化简、境界层化简、地貌层化简、植被土质层综合化简以及注记捕捉实体处理等分层处理功能。同时解决各分层要素之间的各类套合问题。

b. 数据编辑及综合工具：本功能模块针对各层所有要素进行操作。针对 1：100 万图幅范围较大、不同地域要素分布不同的特点，为方便作业步骤，开发一些实用的编辑工具，包含 EditMapTool 编辑工具和 DoMapTool 综合工具两个部分。EditMapTool 编辑工具包括面状要素局部合并或分割、线面要素局部化简及套合、快速提取底层要素、批量删除要素、局部化简工具、同层属性刷、跨层属性刷、同层要素合并、改变线要素方向、线要素捕捉到线要素、面要素捕捉到线要素、联动修形等工具；DoMapTool 综合工具包括等高线综合、面状要素及道路综合、水系综合、形状及拓扑修正、线挂接及要素接边、即时显示悬挂伪节点及去伪节点等工具。主要包含联动修形工具等编辑工具。此外，这些工具不局限于 1：25 万到 1：100 万数据库缩编工作的数据处理，而且能够嵌入到 ArcMap 中作为数据编辑功能的扩充部分在其他数据编辑中使用。

c. 质量检查模块：参考国检 1：25 万质检软件，按照 1：25 万到 1：100 万数据库缩编质量要求，制定质量检查模块。检查内容包括数学精度检查、属性结构检查、数据分层检查、要素合理性、拓扑一致性检查、接边检查等方面，具体包括数据结构、属性内容、几何精度、节点错误、线段错误、多边形错误、要素压盖以及数据上交前的基本检查等。

d. 元数据录入模块：具有新建工程、打开工程、默认项设置、导入图号、图层与数据量更新、数据项统一赋值、提取 1：25 万资料、成果浏览、成果数据批量导入、数据成果批量导出等功能。实现 1：100 万分幅编号目录下元数据主体信息的自动录入，能够根据一定的数据组织方式进行批量填写和输出。

3）编程开发：EditMap 的各个模块是用 C♯ 和 ArcObject 开发的，适用于Windows7 系统和 XP 系统，基于 ArcGIS10.0 的软件平台下运行。利用 ArcGIS桌面扩展开发 Add－in 方式开发，以按钮（Button）→菜单（Menu）→工具栏（Toolbar）逻辑形式组织。为了保证程序的质量和可靠性，在程序分析、设计、编码等各个开发阶段,对程序进行严格的技术测评。

4)成果输出:通过生产测试后,编写程序使用说明等,方便作业人员查阅使用。程序成果最终交付生产部门使用。

(2)地形图制图数据更新及地图制图软件研制。针对《国家普通地图集》数据库建设需要,国家基础地理信息中心以现有空间数据库驱动的制图系统为基础,扩展研制了1∶100万地形图制图数据生产、更新、建库软件系统,包括创建制图表达规则库、地图注记生僻字库、标准地形图模板、地图投影参数设置、生产端制图软件、管理端制图软件等,建立了图库一体化的数据库系统,为地图集中各地图制图工作提供技术支撑。

本系统在1∶100万比例尺的《国家普通地图集》基础数据库建设中,得到了多轮的实际应用,包括2014年的首次生产和建库,以及2016年、2017年、2018年的3轮增量更新,大大节省了生产周期,提高了作业效率,保障了数据质量。

2.数据生产与建库

《国家普通地图集》数据库以1∶100万为基本比例尺,对于无缝拼接的GIS数据库采用标准地形图分幅分布式生产与建库方式,由国家基础地理信息中心联合黑龙江测绘地理信息局,采用数据库驱动制图和图库一体化建库技术,开展国家1∶100万地形图制图数据生产和建库工作,作为基础地理信息数据库。

除此之外,《国家普通地图集》数据库还包括全国(世界)范围、省区范围、城区范围等三种尺度的空间数据,制图区域覆盖我国陆海全部领域及周边部分地区,数据内容以基础地理信息为主体,辅以各种专题信息、统计数据、影像、照片、文字等内容。为此,首先收集分析了多尺度多类型的国家基础地理信息数据库、DEM数据、境外基础地理信息数据、927海岛礁调查资料、最新卫星影像、大比例尺城市数据、典型景观照片等;然后根据内容选题广泛收集权威的相关专题信息数据,包括水利资源、交通信息、旅游资源、人口、城市、历史文化遗产、经济统计数据等专题数据资料,对这些资料进行提炼梳理、分析归类、信息挖掘、融合处理、空间化处理、数据格式转换等,为《国家普通地图集》数据库建设作准备。

《国家普通地图集》数据库建设技术流程如图6-3所示,主要包括以下内容。

(1)建立地图集初始数据库。以国家1∶100万基础地理信息数据为最基本的数据源,利用全球1∶100万基础地理信息数据库、927一期工程成果及其他现势资料,向周边邻区扩展补充1∶100万基础地理信息数据内容,建立我国及周边1∶100万基础地理信息数据库(地图集初始数据库)。

(2)更新地图集初始数据库。利用最新的国家基础地理信息数据库成果,

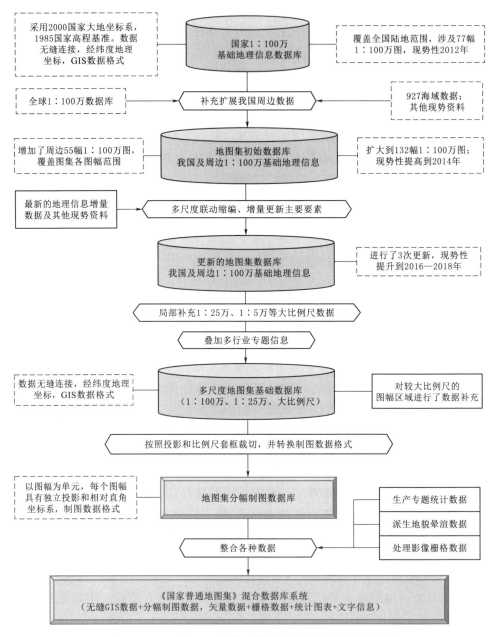

图 6-3 《国家普通地图集》数据生产与建库技术流程图

采用增量联动更新技术，对地图集初始数据库进行持续增量协同更新，保证地图集数据库与国家基础地理信息数据库的现势性一致。

（3）建立多尺度地图集数据库。利用国家 1：25 万、1：5 万基础地理信息数据库对地图集初始数据库进行局部放大细化、补充内容，并叠加各种专题数据，建立多尺度多类型无缝拼接 GIS 数据结构的《国家普通地图集》基础数据库。

（4）地图集分幅数据库。根据地图集的分幅设计，基于《国家普通地图集》基础数据库，设置各图幅的投影参数和比例尺、套框裁切、格式转换等处理，派生分幅制图数据，建立《国家普通地图集》分幅数据库。

（5）地图集混合数据库。由 DEM 数据派生地貌晕渲栅格数据，作为矢量数据的背景底图；生产处理遥感影像数据；创建专题数据统计图表等。最后，多种数据集成整合为《国家普通地图集》混合数据库。

3. 纸质版地图集编制

新世纪版《国家普通地图集》的宗旨是以相对平衡的程度，为用户提供最基本的地貌、水系、土质植被、居民地、交通网、境界线等基础地理信息。根据纸质版地图集的特点和要求，在关键技术研究的基础上，进一步对图集的开本与版式、结构与内容、图幅编制的技术方法和工艺流程等进行了研究，并开展了相应的编图工作。各项工作情况如下。

（1）版式风格与内容结构设计。

1）图集版式风格设计。纸质版《国家普通地图集》充分利用地图的版面，以地图为主，依照内容的主次、呼应等逻辑关系，合理均衡地编排附图、附表、图名、图例、投影、比例尺等内容。本图集设计有矩形地图与岛状地图两种图面配置方式，凡主区内容与邻区有联系的，均采用矩形地图；凡主区内容与邻区无联系（或与邻区关系不大）且内容较单纯的，均采用岛状地图。同时配以图表和照片，并补充少量文字说明，使得图面既显得活跃、新颖、美观，又保持整齐、端正。

《国家普通地图集》内容复杂多样，本着系统性、逻辑性、协调性原则，根据要素归类采用了统一的符号系统设计，并进行了统一的图例系统配置，体现系统性和完整性。专题信息要素内容各种各样，对其基础底图符号及图例采用了统一的设计和配置，但对每幅不同主题内容的专题要素符号及图例进行了单独设计和配置。整部地图集具有统一协调的格调，所有符号均符合总的符号设计原则，并且各种现象分类、分级表达，在图例符号的颜色、晕纹、代号的设计上也反映了分类的系统性。

2）图集内容设计。《国家普通地图集》是一部以省级行政区划为基本制图单元、以基础地理要素为主要内容的国家级地图集，它以相对平衡的程度详细表示了水系、地貌、居民地、交通、境界、土质植被等基础地理要素的空间分布。在对图集进行选题研究和结构设计时，首先确定了深厚的理论基础，即唯物辩证观看待客观世界是一个普遍联系的系统。这种系统观思想为地图集设计打开了广阔的思想境界，奠定了图集编制原理的哲学基础。同时，图集的内容架构和组织编排很好地顾及整体概念、综合性质、地域特色三个方面的含义，既把握了图集内容的完整系统性，又兼顾了区域环境的特殊性。

另外，从地图的本质特征和实用价值来看，都包含着深厚的文化内涵，从文化学的角度认识和研究地图，对开拓地图思路，充分发挥地图在人类社会文化领域的作用十分必要。本图集的选题研究与逻辑编排，尽可能地采用先进的技术手段，广泛获取、充分考虑、深度挖掘了制图区域的文化内涵，积极主动地进行策划与构思，开展了创造性的文化设计和文化引导，有效地实践了编辑生产力和文化生产力的作用。带有浓厚文化理念的《国家普通地图集》，可以更好地代表国家水准，具有历史收藏价值，并可以更好地传播地图文化知识。

3）图集结构框架设计。《国家普通地图集》在结构设计上，采取了"图集＋图组＋图幅"的3级结构模式。在图幅编排上，基本遵循了"先宏观，再中观，后微观；先自然，后人文；先图形，后文字"的编排原则，从空间变焦和内容主题两方面构建图集的主体框架结构，纵向上按照空间尺度明显表现为全国、省、市等3级行政结构，横向上按照内容主题进行归类，最终设计了序图图组、地形地势图组、地表覆盖图组、城市图组、地名索引五个部分。

（2）图幅数据编辑处理。基于《国家普通地图集》图幅数据库，利用所研究的技术方法和软件工具，根据图集的版面设计，进行全国性专题图编辑、省区地形地势图编辑、省区地表覆盖图编辑、城市图幅数据编辑、地名索引图幅编辑五方面处理工作。

1）全国性专题图编辑处理。全国性专题图内容可以划分为基础地理底图信息和专题信息，空间范围涉及了世界、海域、全国竖版、全国横版等几种不同区域及比例尺，比例尺涉及了1∶4750万、1∶1800万、1∶1200万、1∶900万、1∶600万等几种。对于相同范围和尺度的专题图，共享了统一的基础地理底图数据，通过叠加不同的专题信息，于2016年底编辑完成了《国家普通地图集》的部分专题图幅数据初稿。

2）省区地形地势图编辑处理。省区地形地势图幅包括全国省、自治区、直辖市特别行政区等34个制图区域的68幅图，每个制图区域以"地形要素＋地势地貌"两幅图表现。其图幅数据主要来源于我国及周边1∶100万基础地理信息数据库，根据各省区制图区域的大小和版心尺寸，进行比例尺设定、投影变换、地图定向、裁切数据等处理，形成了地形地势图的初始数据。我国各省区的面积差别很大，最大面积的新疆、内蒙古等比例尺达到1∶400万，最小面积的澳门比例尺达到1∶3.5万，因此对各图幅数据进行缩编简化处理或放大补充细化处理，然后基于图幅数据进行符号与注记配置、图外整饰、色彩规划、地图美化、加载地貌晕渲背景底图等处理，于2016年底编制完成了《国家普通地图集》的地形地势图幅数据初稿。

3）省区地表覆盖图编辑处理。省区地表覆盖图幅包括全国省、自治区、直辖市特别行政区等 34 个制图区域的幅图，每个制图区域的范围和数学基础与省区地形地势图一致。以地表覆盖类型图斑数据为底图，上面叠加矢量定位要素，此定位要素从地形要素图数据中提取，既避免了重复编辑工作，又保持了相同区域地图要素的一致性。基于图幅数据进行符号与注记配置、图外整饰、色彩规划、地图美化等处理，于 2016 年年底编制完成了《国家普通地图集》的地表覆盖图幅数据初稿。

4）城市图幅数据编辑处理。城市图幅矢量数据包括全国 39 个中心城市的城区图数据，分别是 4 个直辖市城区、23 个省会城区、5 个自治区首府城区、2 个特别行政区城区、5 个计划单列市城区。为了丰富 39 个城市图幅数据内容，广泛收集了丰富的数据资料，包括国家基础地理信息数据库、现势性高的国产高分辨率卫星影像数据、导航数据、网络地图数据、地方测绘部门的权威城市数据、公开出版的城市图，以及其他相关专业资料等。在城市图幅编制过程中，采用多源数据整合技术，综合利用上述多种数据资料，并经过符号与注记配置、图外整饰、色彩规划、地图美化、加载地貌晕渲背景底图等处理，于 2016 年年底编制完成了《国家普通地图集》的城市图幅数据初稿。

5）地名索引图幅编辑处理。在全数字化制图技术条件下，鉴于网络地图、电子地图对地名查询检索的便捷性，新世纪版《国家普通地图集》可以不含地名检索图幅，但考虑到年老地图集使用者的读图习惯，依然保留了地名检索图幅，只是对检索内容进行了简化和取舍，本图集只对乡镇及以上行政地名进行检索。

（3）图幅数据更新完善。2016 年年底基本完成了《国家普通地图集》各图幅数据的初稿，国家基础地理信息数据库也首次实现了多尺度多类型数据库每年 1 轮的联动更新。除此之外，工作组一直在尽力收集其他最新的数据资料。随着新的数据源的获取，2017 年开始对相应图幅数据进行基础地理信息数据、专题数据、城市数据的更新完善，具体工作如下。

1）基础地理信息数据更新完善。为了保持《国家普通地图集》的现势性，在编图实施过程中，随着国家基础地理信息数据库的更新频率，与 2017 年、2018 年及 2019 年分别基于前一年成果进行了 3 次增量更新。

2）专题数据的更新完善。从 2013 年至 2019 年，工作组一直在通过各种渠道收集专题信息，一直在修改、更新、完善专题图幅内容和表现形式，最终完成了 22 幅全国性专题图和 3 幅重点地区图。

3）城市数据的更新完善。我国以往的城市地图都只表示到主城区范围，无法展现城市的完整结构，更不能体现城市与其周边的空间形状特征。因此，在

2016年工作的基础上，重新扩展补充、更新调整了城市图幅数据，将城市制图范围扩大到涵盖城区外围的高等级路网，并且突出表示城市的空间骨架结构特征和居民地街区的空间展布特征，在地名和注记等POI信息的选取上也遵循这一主题，大大提高了城市地图的表现效果。

（4）装帧设计与全面美化。为了提高《国家普通地图集》的整体艺术表现力，在2017年年底图集的全部图幅内容编辑处理完成后，专门聘请了我国顶级的美术设计专家，参与图集的装帧设计和整体美化，主要工作如下。

1）整体装帧设计。由聘请的美术设计专业人才负责地图集的整体装帧设计，包括图集的封面样式，目录、总图例、前言、编制说明等页面的装饰，各图组篇章的隔页，每个页面的图外整饰等。

2）统一调色处理。在基本编图内容完成后，集中了平面设计高手，大家一起对所有图幅进行统一的符号、注记与色彩调整。不仅要提高整体美观性，而且要保证前后图幅的一致性。

4．网络版地图集平台建设

根据总体设计方案，《国家普通地图集》网络信息服务平台发布系统，采用面向服务的架构，基于纸质版《国家普通地图集》印前数据，生产网络版地图集的瓦片数据集，创建在线《国家普通地图集》，并通过"天地图"进行发布。为此，完成了网络版《国家普通地图集》的系统总体框架设计、数据库设计、系统功能设计、数据加载等工作。

（1）网络平台总体架构。根据总体进度安排，2017年完成了网络版《国家普通地图集》的前期需求调研与分析、数据库设计与系统设计等工作，并开展了相关技术实验。

网络版《国家普通地图集》，采用"3个层次、2个支撑、1个门户"面向服务的多层体系架构。其中：3个层次指业务层、服务层、数据层；2个支撑包括技术标准规范支撑、安全保障与运行环境支撑；1个门户指中国基础地理图集网络版门户网站。

1）业务层。业务层提供了地图浏览、地图索引、地图查询、地图书签、地图下载等业务功能组件。其通过中间件提供的各类功能接口访问第三方组件功能、数据服务与数据库，封装各种业务逻辑，为门户网站提供业务功能接口。

2）服务层。"天地图"服务层利用服务管理、身份认证、统计分析、图集目录等功能，为业务层提供统一的第三方功能组件、数据服务访问接口，并提供相互独立的业务组件之间的通信和数据交互接口，发布中国基础地理图集数据服务。

3）数据层。主要包括地图集瓦片数据集、地图集印前数据、全国专题图数据库、全国范围多尺度（2～30m）金字塔结构的影像数据库等子数据集。其中，地图集瓦片数据集由地图集印前数据、全国范围多尺度影像数据库产生；全国专题图数据库用于扩充纸质版地图集不易表达的专题信息，使网络版地图集内容更加丰富。

4）技术标准规范支撑。主要包括数据规范、技术规范、开发规范三类。其中：数据规范包括地图瓦片数据规范，技术规范包括网络制图规定等，开发规范包括代码编写规范、测试规范等。

5）安全保障与运行环境支撑。系统互联网接入带宽为20M，符合国家信息安全等级保护（三级）标准要求。

6）门户网站。基于"天地图"构建一个统一的中国基础地理图集网络版访问入口与发布平台。包括图集介绍、资源下载、使用指南等栏目。

（2）网络平台主要功能。国家大地图集系统是针对纸质版地图集的数字化发布管理，解决了地图电子图片的不切片化的快速发布，实现了地图列表管理、地图属性管理、在线浏览、图片索引管理、自动发布和缓存管理等模块，具体功能模块如下。

1）地图列表管理：以分页列表方式展示所有的电子地图，支持按更新时间排序、按名称模糊查询等，并提供电子地图查看、属性查看、删除等功能。

2）地图属性管理：电子地图的关联元数据信息，包括原文件名称、来源、单位、时间、描述和标签等，是电子地图的附加说明信息。

3）在线浏览：支持以电子地图的方式进行纸质地图的浏览，提供放大、缩小、平移、全图等常用地图操作。

4）图片索引管理：提供对电子地图图片的索引建立、更新和删除等功能，可建立快速浏览的金字塔索引，该功能模块面向管理人员。

5）自动发布：对数据文件夹下地图电子图片文件的新增、删除进行监控，提供自动更新数据库里的地图文件的记录。

6）缓存管理：对Redis分布式缓存进行启用、停用和清除更新，便于提高服务并发性和数据准确性。

（3）网络版地图集。按照新世纪版《国家大地图集》编研的《计划任务书》要求，于2018年5月完成了纸质版《国家普通地图集》的印前数据。由于数据尚未进行出版前的地图安全审查，因此基于前期开发的网络系统发布平台，加载了《国家普通地图集》印前数据，暂时在"天地图"内网上运行。待纸质版《国家普通地图集》通过出版前的质量检查和地图安全审查后，再重新加载地图集数据，并在外网上向社会公众开放使用。

网络版《国家普通地图集》以纸质版《国家普通地图集》印前数据为基本数据源，按照瓦片切割的相关技术规范进行数据处理，生产全国范围专题图、地形地貌图、地表覆盖图、城市图等地图瓦片和瓦片图层，并建立网络版地图集瓦片数据库。

网络版《国家普通地图集》数据内容包括纸质版《国家普通地图集》印前数据的全部内容，具体划分为序图图组、地形地貌图组、地表覆盖图组、城市图组、乡镇以上地名索引等 5 部分印前数据。整体数据呈树状结构链接关系，内容从宏观到微观、从高等级到低等级、从大范围到小范围逐级关联，如图 6-4 所示。

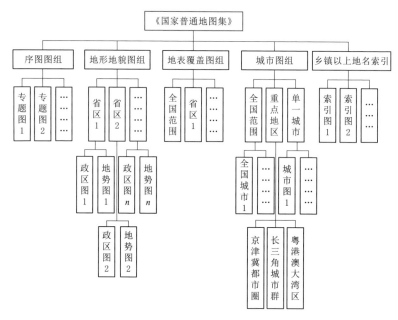

图 6-4　网络版《国家普通地图集》内容树状结构图

（三）质量控制

地图集编制工作工作量大、内容复杂、技术先进、数据量大、数据类型多元、表现形式多样、时间紧迫、参与单位众多，给整体工作的质量管理带来一定的难度和挑战。为加强研究和实施过程中的质量管理，保证各项研究和建设成果的最终质量，工作组集思广益，紧密协作，发挥各自技术和经验优势，充分做好前期总体设计与研究工作。国家基础地理信息中心作为牵头单位，十分重视与其他承担单位的沟通和联系，使各方能够深入理解整体设计的方向与要求，确保了整个工作的协调性、一致性、整体性。

1. 总体质量控制

本工作在国家测绘地理信息主管部门的统一领导下，由国家基础地理信息中心牵头组织实施，并实行全过程的质量控制与管理。按照实施内容和实施过程，可以将整个工作划分为方案设计与标准研究、数据生产建库与指标测试、

地图集产品开发与标准报批等 3 个质量管理环节。具体质量管理环节如图 6 – 5
所示。

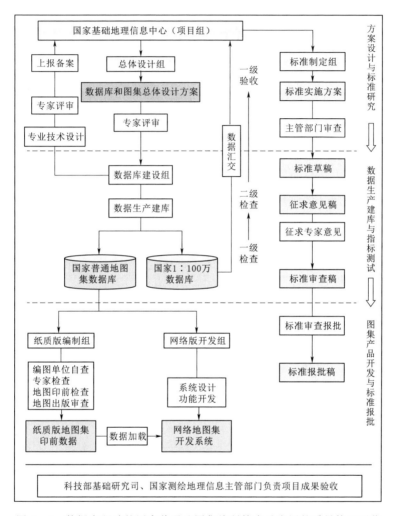

图 6 – 5 数据库驱动的国家普通地图集编研技术及应用的质量管理环节

各环节形成相应的成果，分别为地图集总体设计方案、国家 1∶100 万数据
库总体方案、标准实施方案；国家 1∶100 万数据库、普通地图集数据库、标准
草稿、征求意见稿、审查稿；纸质版地图集、网络版地图集、标准报批稿。最
后的成果由科技部和国家测绘地理信息主管部门负责验收。

各环节紧密相连，上一环节的成果质量直接影响到下一环节的成果质量，
因此从上到下、从前往后的每一环节和步骤，都需要严把质量关，使质量控制
机制贯穿全过程，不仅保证了最终成果质量，而且还保证了阶段成果质量。

（1）方案设计与标准研究。在启动前期，牵头单位组织相关参与单位技术骨干，开展全面的、不同层次的技术设计。不仅联合了武汉大学和研究院的技术人员，而且吸纳了生产作业单位的技术人员参加总体技术设计和方案编写，因此可以更好地将设计思想传递给省局和公司等生产单位，便于作业人员更准确地理解和执行。

相关技术方案主要包括《新世纪版中华人民共和国国家普通地图集总体设计方案》《国家 1：100 万数据库总体方案》《国家 1：100 万制图数据生产技术规定》《中比例尺公开基础地图数据国家标准实施方案》等。这些技术设计和研究方案是工程实施的技术纲领和依据，其中严格控制了研究内容、成果指标、技术路线、工艺流程、组织实施等各项内容。它们由工作组在充分研究与广泛试验的基础上，认真详细设计、深入讨论分析、科学合理编写，尽可能地考虑到实施中的各种问题，做到提前预防，避免造成生产返工。编写完成的总体技术方案，经专家评审后，报国家测绘地理信息主管部门批复并备案，用于指导生产作业单位开展具体实施工作。生产作业单位在工程实施之前，要按照总体设计方案和有关技术文件要求，针对具体生产作业情况，对每项任务的各项技术指标进行更加详细的设计。

按照总体要求，《国家 1：100 万数据生产专业技术设计书》《我国周边 1：100 万数据扩充生产专业技术设计书》《国家普通地图集数据生产与建库专业技术设计书》《专题图编制设计书》《省区图编制设计书》《城市图编制设计书》等编写完成后，要组织专家进行评审，通过后方可用于指导生产实践，并将修改后加盖公章的专业技术方案，连同评审意见、专家签到表等报工作组备案。生产实施过程中，如需调整、创新、完善设计方案，可编写补充技术设计书，并由工作组共同认可。

（2）数据生产建库与指标测试。第一个环节的技术方案设计与研究，为后续的数据生产与建库奠定了必要的技术基础和质量保障。国家 1：100 万基础地理信息数据库，是编制《国家普通地图集》的核心数据资源，因此国家 1：100 万基础地理信息数据库和国家普通地图集数据库，是本工作的重要建库内容，是开发研制纸质版地图集和网络版地图集的基础，生产任务量大，数据质量要求高。

在作业单位生产实施前，工作组积极组织有关技术人员认真学习相关标准、技术规定、专业技术设计等，并组织技术培训，使作业人员能够正确理解、统一认识并熟练掌握技术。另外，技术管理人员深入生产一线，指导作业人员准确理解、掌握、执行各项技术指标和要求，抓好各生产环节技术管理，确保技术口径协调一致。对于生产过程中的一般性技术问题，由生产技术负责人按有关规定处理；对于重大原则性技术问题，及时报告工作组审批。

在数据生产与建库过程中，按照生产作业流程实行了二级检查一级验收的质量控制机制。一级检查是由生产作业单位质检人员实施的生产成果过程质量检查，要求对生产成果进行100%详查，检查所有的内容和生产工序，要求成果合格率达到100%；二级检查是生产主管单位的质检部门对通过一级检查的生产成果进行的过程质量检查，要求对生产成果进行100%的过程质量检查，对其中10%图幅进行详查，对其余90%图幅的内容进行概查，要求成果合格率高于97%；一级验收是工作组对通过二级检查合格的生产成果，在数据入库前进行的最终生产成果的质量验收，要求对生产成果进行100%的最后质量检查，对其中10%图幅进行详查，对其余90%图幅的内容进行概查，要求成果合格率高于97%。

通过以上质量的严格控制与管理，确保数据生产与建库质量，使其满足图集产品开发环节的质量要求。

2. 质量管理要求及内容

（1）质量管理要求。为保质保量完成任务，确保产品质量，明确责任，制定了严格的管理制度，具体要求如下。

1）总体设计方案、相关技术规定、专业设计书等，必须经过专家评审和上级部门审批通过后，才能正式用作生产实施依据。

2）加强对生产作业过程中每个环节的质量控制，上一个环节应对其传递到下一个环节的成果质量负责，全程跟踪生产处理质量状况，严把质量关。强化各种形式的质量检查，加强对每个生产工序的检查，加强作业员之间的互校互查，发现问题及时整改，确保成果质量。

3）各级检查、验收工作独立进行，不得省略或代替。各级检查与验收结论由相关责任人签字确认。未通过前一级检查的成果，不得进行下一级的生产作业。各级检查、验收人员均应具备相应资质。

4）检查验收的程序和技术方法必须严格执行有关的标准和规范、技术规定、专业设计书、技术补充规定等，不得擅自调整技术规定或降低质量要求，特殊问题处理需经上级批准，及时通报。

5）检查验收过程中，对重要质量特性进行重点检查，对有普遍性或带有倾向性的质量问题应进行全面检查，以保证成果的整体质量，杜绝存在重大或普遍的质量问题。生产环节或上一级检查提出的整改问题，下一环节或下一级检查要进行重点、全面的核查。对于不合格或同类缺陷出现较多的成果，要做进一步的核准确认。

（2）质量控制内容。为了提高成果质量，保证成果的完整性、正确性和现势性，不仅需要对成果数据本身质量进行控制和管理，还要对图集可视化表达的正确性、标准规定的适用性进行控制和管理。需要对成果的空间参考系、成果规格、位置精度、属性精度、完整性、逻辑一致性、时间准确度、地图表达及整饰、文本编写质量、元数据质量、附件质量等进行全面质量控制与管理。

1) 数据库的质量控制和管理。

a. 基础地理数据检查：从数学基础、数据完整性、数据结构正确性、地理位置精度、数据生产的元数据、成果文档资料等方面进行检查。

b. 专题数据内容检查：主要检查专题要素的分类与分级的合理性、表示方法的正确性、与其他要素关系的正确性、各种图表数据的准确性等。

2) 图集产品的质量控制和管理。

a. 图集产品整体内容检查：主要是指整本图集内容的系统性和一致性检查，包括图幅的整饰、图例、注记等是否协调一致，以及文字图表的对应性和文字表述的正确性等。

b. 地图可视化效果检查：检查制图要素符号配置的正确性、符号之间的协调性、图外整饰的规范性等内容。

3) 国家标准的质量控制和管理：主要检查标准文本结构的合理性、文字表述的准确性、图表信息的正确性、附表信息的完整性、数据指标的适用性等。

3. 质量保障措施与方法

（1）质量保障措施。

1) 开展技术交流与培训：加强对管理人员、作业人员、质检人员的技术培训，以及各单位、各环节之间的技术交流等工作，使其正确领会实施技术设计、产品指标、精度要求、工艺流程等方面的技术要求与关键点，做到技术规定与实际生产的基本协调与统一。参加的作业人员应具有地图编绘经验，能熟练掌握地形要素取舍方法以及指标，能熟练进行基础数据采集、更新，熟悉相关技术方法和生产软件。

2) 严格按照设计方案进行生产实践：必须严格按照已评审过的设计书、技术规定和相关的国家、行业标准执行。作业人员和技术负责人，应在规定原则之内负责有关技术问题的协调处理并备案，对于实施过程中未规定或规定不清楚的重大技术问题，应及时正式上报技术负责单位，由相应部门根据实际情况处理并正式规定后方可生产，严格防止重大问题不报及擅自处理行为。

3) 严格执行二级检查一级验收：质量控制严格执行二级检查一级验收制度，对成果的空间参考系、成果规格、位置精度、属性精度、完整性、逻辑一致性、时间准确度、元数据质量、表征质量、附件质量、数据源质量等进行全面质量控制，确保数据成果的完整性、正确性、现势性。在100%的作业员自查互查基础上，一级检查对生产工序100%检查，二级检查对数据成果进行抽样详查和全数概查，抽样比例按照《数字测绘成果质量检查与验收》执行。生产单位完成二级检查的数据成果，汇交设计单位进行一级验收，确保数据成果质量。

4）把握质量检查重点：检查验收过程中，要对重要质量特性进行重点检查，对有普遍性或带有倾向性的质量问题应进行全面检查，杜绝存在重大或普遍的质量问题。生产环节或上一级检查提出的整改问题，下一环节或下一级检查要进行重点、全面的核查。对于不合格或同类缺陷出现较多的成果，要做进一步的核准确认。

5）建立专家审查机制：由于《国家普通地图集》编研工作对专业技术要求高，对相关知识面要求广，因此建立了专家审查机制。在不同阶段，针对不同研究内容，分别邀请了相应的专家对研究内容进行把关。在前期总体方案设计阶段，邀请了资深的地图制图和地理信息系统专家，参与方案讨论，对图集定位、表现形式、表达内容等提出宝贵意见；在专题图设计方面，咨询了水利、生态环境、交通、地理学、城市学等方面的专家，吸收好的设计思想；在地图美化和图集装帧设计方面，邀请了顶级的美术设计专家，参与地图可视化设计；在图幅编辑处理基本完成阶段，多次邀请了相关专家，对内容安全和成果质量进行全面把关等。

（2）质量控制方法。质量检查采用程序自动检查、人机交互检查、样图打样检测等相结合的技术方法和手段，不同的检查方法具有不同的优势，实际应用中需要结合使用。

1）程序自动检查为主：利用已有的质量检查软件，利用空间数据的图形与属性、图形与图形、属性与属性之间存在的一定的逻辑关系和规律，检查和发现数据中存在的错误。

该方法具有速度快、效率高等特点，可作为基础数据成果质量检查的主要方法。缺点是计算机自动识别的正确性不够高，需其他方法加以辅助。

2）人机交互检查：程序检查能将有疑点的要素和位置搜索出来，缩小范围或精确定位，再采用人机交互检查方法，由人工判断数据的正确性。

该方法具有速度与正确性的最佳比率，是质量检查的主要辅助方法。该方法可以用于基础数据成果、制图数据成果、专题数据成果等检查。

3）输出样图检查：为了更真实地反映制图效果，需要将计算机上的数据和地图打印出样图，通过人工检查核对地物、数据表格、图形等内容的正确性，以及色彩运用、符号配置的美观性。

输出样图检查是在实施过程中经常采用的检查方法，尤其是对《国家普通地图集》的检查和试验，自始至终都在不断地输出纸图、查看效果、检查错误。进行到后期，不仅通过绘图仪打印输出纸图，而且为了效果更逼真，还采用了激光打印和电子油墨等形式打印纸图。

三、编制成果与工程效益分析

作为牵头单位，国家基础地理信息中心紧紧围绕研究目标和任务，以系统工程思想为指导，充分利用地理信息系统、互联网、地图制图、遥感等学科的最新技术方法，创造性地研究、设计、构建了新型的国家 1∶100 万基础地理信息数据库和新时代国家普通地图集工程的体系结构。建立了国家 1∶100 万图库一体化数据库系统，并完成每年 1 轮的数据更新，保证了基础数据的规范性、现势性、权威性。基于数据库编制了纸质版地图集和网络版地图集，整合集成了基础地理信息、测绘、生态环境保护、城市发展等领域的最新调查研究成果，突出体现了国家级地图集内容的权威性、现势性、实用性、先进性和艺术性，并具有新世纪地学研究和测绘地理信息技术的时代特点。在实践基础上，梳理提炼基础地图数据公开使用的规范标准，制定了《中比例尺公开基础地图数据规范》标准。

本工作构建了完整的大型地图集编制技术系统，包括：设计方案与技术规范、软件支撑系统、《国家普通地图集》数据库、纸质版《国家普通地图集》和网络版《国家普通地图集》，如图 6-6 所示。

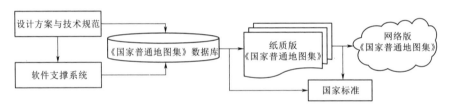

图 6-6 《国家普通地图集》编制技术系统

（一）技术成果

针对国家大型地图集数据建库与编图需要，并考虑未来与国家基础地理信息数据库协同联动增量更新的应用需求，研究设计了满足《国家大地图集》编图需要的、覆盖我国及周边的 1∶100 万地形图快速制图与集成管理的生产模式、技术方法、工艺流程等。包括新型的 1∶100 万制图数据库模型、中小比例尺自动缩编技术和实现算法、国家基础地理信息数据解密处理技术、数据库驱动制图技术、1∶100 万地形图快速制图技术、地形图符号与制图字库系统设计与实现技术、数据质量控制和自动检查技术、地形数据与制图数据一体化存储管理和同步更新技术、基于数据库的增量更新技术等。

（1）构建了国家大型地图集图库一体化数据库模型，设计了基于数据库快速编制地图集的技术方法与流程。

采用数据库驱动制图的设计思想，研究建立了基于地形数据库驱动制图的系列表达规则，如符号自动配置和智能优化规则、注记自动派生和智能优化规则等，以1∶100万为基准比例尺，设计了国家大型地图集图库一体化数据库模型。在地形数据库基础上，构建了基于地形数据库的地图集制图参数的规则和算法，通过建立并存储制图数据中的符号、注记、投影、比例尺、与地形数据的关系等，实现了地图集符号自动配置、地图注记智能优化、地形数据库与制图数据库的一体化集成管理。

（2）研究了面向对象的增量更新技术方法，实现了国家大型地图集数据库与国家基础地理信息数据库的协同持续更新。

针对未来国家大型地图集数据库快速协同更新要求，研究了基于空间计算和属性耦合的地理要素自动匹配算法、基于增量要素的智能联动整合算法，突破了跨尺度地理要素自动匹配和增量整合等关键技术，建立了多尺度数据关联模型、要素匹配规则库、联动整合知识库，有效解决了国家大型地图集数据库随国家基础地理信息数据库提高现势性的难题。

（3）设计了基于数据挖掘与深度学习的多元时空数据融合处理技术，有效解决了海量多源异构数据的综合应用和集成管理难题。

国家大型地图集充分利用数字中国时空信息数据库资源，以多尺度国家基础地理信息数据库为基本数据源，同时结合地理国情普查、海岛礁资源调查、高分辨率卫星影像、网络地图、城市图、打印输出的城市纸图、行政区划手册、文字资料、统计数据等多元数据进行补充汇编。这些资料种类繁多，情况千差万别，需要采用多种技术手段进行融合。面对众多参差不齐，甚至相互矛盾的编图数据资料，通过深入研究分析学习并结合专家知识，选择合适的技术方法，进行了科学的数据清理和筛选，包括应用统计方法、事例推理、规则推理、模糊集、多因子分析等多种信息处理技术手段，提取出完整、正确、一致的数据信息。

（4）研究了基于语义空间匹配和网络变化发现的空间坐标处理技术，实现了非空间信息的精准化、统一化空间定位。

根据设计好的空间基准，并参考国家基础地理信息数据库模型，对于专题数据中未含有地理坐标数据信息但含有地名或者地址数据的情况，研究了语义相似度空间匹配方法，包括地名与行政区划二类综合法，在能确定专题的具体类别且基础地理数据中有对应类别的数据时，则根据语义中包含的地名或行政区划名称，采用相似度法确定目标的空间位置，实现数据的空间化处理。对带有地理坐标信息的非空间数据，先研究粗差数据发现规则并进行粗差数据剔除，再对照基础数据进行逻辑检核，如一定缓冲区比较法、行政区划归属法等。对于无地名或无地址数据，利用专题名称，基于地图网站收集整理相关专题数据，通过互联网公众位置或导航服务中的兴趣点位置作为参考，获得其初步空间化的图形数据，再与已有的基础地理信息数据比较检核，进一步修正其空间位置，以获得相对位置正确的专题图形数据，满足编图需要。对具有不同的坐标系、投影、比例尺、数据格式的空间数据进行统一转换处理。

（5）设计了多尺度自动缩编和线状要素深度简化技术方法，满足了基于基础地理信息数据库快速编制地图集的需要。

针对中小比例尺地图数据库缩编的特点和要求，参考相关的数据规定及编绘规范，深入分析了基础地图数据的内容和结构，设计了点状要素筛选、线状要素简化与综合、面状要素融合与边线综合的缩编规则，研究了能够实现程序自动化缩编和人工标准化编辑两种方式相结合的模型方法和程序算法，以便实现软件自动化。地图要素中的等高线、河流、道路等线状要素的自动简化是研究的核心问题，对此研究了相关的制图综合理论、技术方法、阈值因子以及处理规则，特别提出了一种基于基本弯曲（折线）的线状要素深度简化的关键算法。该算法的基本思路是将线状要素简化分解成若干子过程，每个子过程通过弯曲识别与分类，并利用具有一致性和自适应的阈值组合，来实现线状要素的批量化简。

针对国家大型地图集多尺度、多区域、多图种的特点，运用系统论思想和系统工程方法，进行了地图集内容结构设计和选题研究，并开展幅面和分幅设计、地图投影与比例尺设计、图幅编排次序设计、图面配置设计、表达方法设计、图式图例设计、地图整饰设计、图集装帧设计等，为国家大型地图集编研提供全新的设计理念和技术方法。为了提高地图集设计效率和技术手段，基于基础地理信息矢量数据，利用现有的 CS 开发环境，研发一系列实用高效的地图集数学基础自动设计插件，探索一条新型快捷的地图集数学基础技术路线，实现基于基础地理信息数据的数学基础系统化构建与可视化研究。通过制图区域经纬度范围与实地尺寸的自动获取、投影参数的程序化计算、投影变形的图形化显示，实现地图投影的系统化构建、比例尺的交互式设计以及投影变形的可视化分析。

（二）数据库成果

1. 基础数据库

《国家普通地图集》数据库成果以国家基础地理信息数据库资源为基础，通过制图缩编、数据扩充以及数据增量更新等处理，形成了《国家普通地图集》的基础数据库。

（1）充分利用国家基础地理信息数据库资源，通过空间数据扩展涵盖整个编图区域，初步建立了《国家普通地图集》基础数据库。

利用所设计的技术方法、工艺流程和研制的软件系统，基于最新的国家 1∶25 万和 1∶5 万数据库，通过缩编处理生产 1∶100 万数据库，以此为核心向周边邻区进行地理空间数据扩展补充，实现主区与邻区空间数据的无缝连接和属性数据的自然延伸，建立了新型的《国家普通地图集》1∶100万基础数据库，为编制《国家普通地图集》搭建最基本的基础数据平台，并实现了与国家基础地理信息数据库之间数据模型的统一，为将来与国家多尺度数据库联动更新奠定基础。

（2）在初始数据库基础上，局部补充基础地理信息数据，放大要素选取与表示指标，建立多尺度《国家普通地图集》基础数据库，满足了较大比例尺图幅的需要。

我国各省区行政区划面积差异很大，且图集涉及了多种尺度的图幅，而初始地图集数据库为1∶100万比例尺的基础地理信息数据库，对于较小比例尺的图幅可以通过缩编来满足编图需要，但对于较大比例尺的图幅因数据内容不够详细而无法满足需要。因此，需要利用更详细的数据对相关省区和中心城市所在区域进行局部的数据细化补充，放大基础地理信息要素选取与表示指标。通过多尺度数据关联模型、要素匹配规则库、联动整合知识库、基于空间计算和属性耦合的自动匹配算法等多种技术手段，利用公众版国家1∶25万基础地理信息数据库，对行政区域较小的省区范围进行了局部基础地理要素的补充和细化；利用1∶5万等大比例尺城市数据和影像数据对中心城市进行了城区范围的基础地理要素的补充与细化，建立了多尺度《国家普通地图集》基础数据库。

（3）充分利用国家基础地理信息数据库更新成果，采用增量更新技术，实现了《国家普通地图集》数据库的协同持续增量更新，最大程度地保证了数据库的现势性。

新型的《国家普通地图集》基础数据库模型，在数据库结构、坐标系统、要素内容组织、数据分层分类及编码、属性表结构、数据存储格式、现势性等方面与国家基础地理信息数据库保持一致，因此利用2016年、2017年、2018年国家1∶25万、1∶5万基础地理信息数据库更新成果，采用增量更新技术和面向对象的要素匹配技术，对《国家普通地图集》基础数据库进行了3轮持续增量更新，实现了《国家普通地图集》数据库与国家基础地理信息数据库的协同更新，不仅现势性好、数据质量高，而且未来可与国家基础地理信息数据库同步持续更新，将充分体现新时代数字技术条件下《国家大地图集》的先进性和权威性。

2. 专题数据库

基于《国家普通地图集》基础数据库，加载多行业的专题数据，建立多尺度多类型的《国家普通地图集》GIS数据库。基于GIS数据库派生分幅制图数据，同时补充其他辅助信息，丰富数据库内容，统一构建多尺度多类型、GIS数据与制图数据相混合的《国家普通地图集》综合数据库。

（1）通过加载各种专题数据完善《国家普通地图集》基础数据库。为了满足《国家普通地图集》编制要求，需要进一步补充完善《国家普通地图集》数据库内容。为此，利用网络大数据挖掘技术手段，根据工程研究内容搜寻相关信息线索，再通过其他渠道获取各种专题数据资料。首先对收集到的多行业、多类型的专题数据资料进行分析研究、分类整理、尺度变换、坐标统一、语义映射等融合处理，提取汇总专题数据，创建海量数据分类分级的体系结构。然后基于《国家普通地图集》基础数据库加载专题数据，即通过空间位置坐标关联实现专题信息的空间化，建立多尺度、多类型的《国家普通地图集》无缝拼接 GIS 数据库。

（2）利用图库无损转换技术创建《国家普通地图集》分幅制图数据库。基于《国家普通地图集》GIS 数据库，根据各图幅投影和比例尺设计，利用基于基础地理信息数据库的投影参数计算软件，实现了制图区域经纬度范围的自动获取、投影参数的交互式设计和经纬网的可视化构建。通过数据套框裁切与格式转换，并利用图库无损转换技术创建各图幅制图数据，每个图幅的制图数据具有独立的地图投影、比例尺、相对直角坐标系，以此建立《国家普通地图集》分幅制图数据库。

（3）结合丰富的辅助信息构建《国家普通地图集》混合数据库。基于 DEM 数据派生地貌晕渲栅格数据作为图幅的背景信息，或者利用专题统计数据生成各种统计图表作为图幅的辅助信息，以及影像数据、照片、说明文字等，丰富了数据库内容，最后统一建立多尺度多类型、GIS 数据与制图数据相结合的《国家普通地图集》混合数据库。

（三）地图集成果

1. 纸质版《国家普通地图集》

遵照科学性与艺术性并举的原则，利用分幅制图数据编辑处理纸质版《国家普通地图集》。参照国家已有的编绘规范，根据各图幅的内容特点，制定了编绘作业方案，确定要素选取标准、综合原则，依托现有的图集制作软件平台，对图形和注记进行编辑调整，反映国家与区域尺度的水系、交通、境界、居民点、地貌、地类等普通地理要素的空间分布格局。同时注意主邻区要素选取指标的差异对比性，兼顾相邻图幅数据的共享与协调，减少了重复劳动并保持地理实体的一致性。在图形数据基础上，进行地图符号调配、色彩总体规划、图面布局调整、图外整饰、图集整体装帧等美化处理，使图面内容层次分明、结构清晰，并使整本图集风格一致、系统性强，增强国家级地图集的视觉表现力。

（1）基于地图集图幅数据库，对图幅数据进行抽稀平滑预处理，减少数据冗余，并按图幅比例尺调整制图综合指标，进行自动缩编或放大补充等编辑处理。

地图集图幅数据库由1：100万尺度的GIS数据库转换而来，首先对其进行了制图数据格式的平滑预处理，减少了数据冗余。然后根据各图幅比例尺调整了相应的制图综合指标，对于接近1：100万比例尺的省区图数据，直接利用了图幅数据库进行图幅的编辑处理；对于小于1：100万比例尺的省区图数据和全国性专题图数据，采用自动缩编技术进行了图幅数据编辑处理；对于大于1：100万比例尺的省区图数据和城市图数据，进行了放大补充等图幅数据编辑处理。在制图编辑处理中，既考虑了各图幅间的系统协调性，又顾及了地区间的差异性，尤其注重了相邻图幅间要素选取的逻辑一致性。为了减少重复劳动，借助专用软件实现了GIS数据与制图数据的自由无损转换，并对相同区域的制图编辑数据实现了数据共享。

（2）开展了地图可视化设计与美学研究，利用符号库实现了地图符号的自动配置；利用知识库解决处理了要素逻辑关系的合理性；利用色彩库完成了图面色彩配置与图幅整饰。

基于编辑完成的图幅基础地形数据，深入探索了地图科学认知活动和审美感受之间的联系，研究了地图集的科学实质与艺术属性之间的关联和规律，并充分运用平面设计理论和色彩学原理，兼顾现代人的审美倾向，对图集进行了系统的可视化设计和整体的美学研究，针对不同图组和图幅内容设计了相应的符号库、知识库、色彩库。利用符号库，根据制图表达规则实现了地图符号的自动配置和注记的智能优化；利用知识库，对符号化的图幅数据再调整，解决处理了要素空间关系及逻辑关系的合理性，使得地图内容层次分明、结构合理，凸显主要结构特征；利用色彩库，通过色彩采集、重构、应用试验完成了图面色彩配置与图幅整饰，提高了地图内容表现的科学性、视觉效果、审美价值。

（3）本着系统性和逻辑性原则，从空间变焦和内容主题两方面构建了图集的内容架构和图幅编排，并完成了图集装帧。地图集不是各种地图的机械组合和简单拼凑，而是有机关联、互相补充的完整地图系统。

本图集在考虑各类地图的比重、先后顺序、相互协调配合等方面，始终遵循着系统性和逻辑性原则，从空间变焦和内容主题两方面构建了图集的内容架构和图幅的逻辑编排。在结构设计上，图集采取了"图集＋图组＋图幅"的结构模式，图集包括序图图组、地形地貌图组、地表覆盖图组、城市图组、地名索引等5部分，每个图组包括若干图幅，纵向上按照空间尺度明显表现为全国、省、市等3级架构，横向上按照内容主题进行若干归类。在图幅编排上，基本遵循了"先宏观，再中观，后微观；先自然，后人文；先图形，后文字"的编排原则。《国家普通地图集》是一部具有科学参考价值的大型基础性地图集，其内容可靠、权威、客观。为了更好地理解和表现地图集的内容本质，以色彩学原理为理论基础，运用现代地图语言和审美情趣，进行了图集装帧设计，整体表现端庄、严肃、高雅，体现了国家级地图集的权威感和厚重气韵，同时又不缺乏现代审美情趣和美学要求，达到了科学性与艺术性的完美结合。

（4）集思广益，广泛吸纳专家意见，使《国家普通地图集》在内容选择和表现形式上寻求突破。

进行到 2017 年 11 月，基本图幅都已经完成，为了进一步提高《国家普通地图集》的质量，从 11 月 15 日起，分别以邮寄或当面请教等方式，咨询了黄仁涛、尹贡白、刘晓玫、张志华、时晓燕、王秀斌、周振发、周文、龙毅、唐曦、祁彩梅、李满春 12 位制图专家的意见。各位专家以书面及当面交流的形式提出很多宝贵意见，课题组进行集中分析、汇总，提取可以吸收的建议。主要归纳为：图集的基本结构合理，相比于过去的普通地图集，增加了生态环境图组和城市图组，使图集内容更加丰富；序图组的专题图，实际上主要是为第二图组服务的，全国性的基本信息在第二图组得以进一步细化，建议将生态环境图组改为地表覆盖图组，原来的中国生态功能区、中国植被与森林公园、中国自然保护区与湿地、中国地理国情普查等专题，移至前面的序图组；第二图组也可称为地形地势图组，以此避开"普通图"的概念，在国外地图集中，好像也没有专门用"普通图"来命名地图集或图组的例子；7 个大区的"普通地图"范围介于全国图和分省图之间，容易造成内容重复，可考虑舍去大区图。

2. 网络版《国家普通地图集》

依托"天地图"国家地理信息公共服务平台，依据相关技术标准规范和支撑运行环境的安全保障规定，利用纸质版《国家普通地图集》印前数据，采用面向服务的体系架构，设计开发了网络版《国家普通地图集》的系统总体框架、数据库结构、网络应用功能，并完成数据加载工作。该网络版包括国家普通地图集数据层、内容管理层和地图浏览服务层，支持各种地图阅读客户端，为广大用户提供一个基于网络平台的普通地图界面和以地图为表现形式的分析与表达工具。

（1）基于"天地图"网站，研发了网络信息平台，定制了地图集在线发布系统。基于"天地图"网络平台，开展了网络版《国家普通地图集》的系统总体框架设计、数据库设计、系统功能设计等工作。《国家普通地图集》网络发布系统，采用了"3 个层次、2 个支撑、1 个门户"面向服务的多层体系架构。3 个层次指业务层、服务层、数据层；2 个支撑包括技术标准规范支撑、安全保障与运行环境支撑；1 个门户指国家普通地图集网络版门户网站。

（2）利用切片技术，构建了多级瓦片数据集，建立了网络版《国家普通地图集》。以纸质版《国家普通地图集》印前数据为基本数据源，按照瓦片切割的相关技术规范进行数据处理，生产全国范围专题图、地形地貌图、地表覆盖图、城市图、乡镇及以上地名索引等地图瓦片和瓦片图层，建立了网络版地图集瓦片数据集。

（3）通过网络信息服务平台发布系统，在线逐级展示了《国家普通地图集》。基于网络信息平台完成了数据加载工作，并通过"天地图"进行了发布。网络版地图集包括序图图组、地形地貌图组、地表覆盖图组、城市图组等 5 部分印前数据的瓦片数据集，整体数据呈树状结构链接关系，内容从宏观到微观、从高等级到低等级、从大范围到小范围逐级关联，实现了《国家普通地图集》的在线浏览与查询。

（四）效益分析

从研究设计、技术实现、工程应用各阶段，形成了一系列的创新成果，包括数据库编制地图集技术体系、高效实用的制图软件支撑系统、科学合理的地图集内容结构模式、合法依规的公开基础地图数据规范，不仅在实际应用中取得了很好的效果，而且为未来大型地图集编研提供了包括数据规范和编研理念的指导性参考以及基于数据库的地图集编制技术体系和高效制图软件支撑系统的技术性参考。

1. 社会效益分析

针对国家级大型地图集智能编制的需求，通过深入研究和广泛试验，充分利用了数字中国时空信息数据库资源，建立了空间数据库驱动的国家大型综合性地图集编制方法，创新设计了适用于规模化生产的国家大型地图集编制模式和工艺流程，研究设计了面向全国范围的中比例尺公开基础地图数据规范的技术体系。

取得的研究成果，在国内甚至国外都实属首次，可以推广应用于其他数据库建设、地图集编辑、标准制定等工作中，因此为将来的相关工作奠定了坚实的技术基础。该成果已经有效地实现了工程化推广和应用，成功地应用于全国及我国周边 1∶100 万地形图制图数据的生产、联动更新与建库实践中，更成功地应用于新世纪版《国家普通地图集》编研及其数据库建设中，强力支撑了《中比例尺公开基础地图数据规范》标准的研究制定，有力地保障了本项工作的顺利实施。具有显著的社会效益，具体如下。

（1）《国家普通地图集》基础数据库，以 1∶100 万为基本比例尺，以国家基础地理信息数据库为核心数据源，并与其数据库模型一致、内容丰富、资料翔实、现势性高、实用性强、产品规范，为快速编制《国家普通地图集》及未来的同步更新提供了有力的数据保障和技术保障。《国家普通地图集》图库一体化数据库，成果表现形式多样，既可以直接打印输出纸质地形图，也可以为地形图制版印刷提供印前数据；既可以为用户提供任意范围的矢量图形数据文件，也可以提供标准地形图分幅的矢量或栅格数据文件。在《国家普通地图集》图幅数据范围裁切、投影变换、比例尺设定、数据转换等方面，充分发挥并体现了基础数据库的应用价值，未来其应用范围更加广泛，应用形式更加灵活，将大大拓展基础数据库产品的应用领域，可以为我国经济建设和社会发展提供更加科学、便捷、适用的测绘保障服务。

（2）以国家基础地理信息数据库为核心，建立了国家普通地图集图幅数据库，然后基于数据库快速编制了纸质版《国家普通地图集》及网络版《国家普通地图集》，并且已经成功地实践了国家基础地理信息数据库与国家普通地图集图幅数据库的同步更新，有效地提升了我国基础地理信息数据库和新世纪版《国家普通地图集》的快速更新能力和水平。今后可以继续实现两者的联动更新，以便保持和维护《国家普通地图集》的现势性。

（3）与以往的国家大地图集相比，本图集创新了图集结构模式，丰富了地图表示内容，从内容上看已经超出普通地图集的范畴，对基础地理信息的详细扩充表示，以及对生态环境信息、城市信息、海域信息的加重表示，更符合时代发展的需要。《国家普通地图集》中的分省普通地理图，以及中国铁路、中国公路、中国地势、中国政区等专题图的图幅数据，因其良好的数据现势性和地图表达的美观性，使其在制作领导用图和国家应急保障用图中发挥了重要的作用。另外，在编制省级地图集时，可以直接利用本图集中的相应图幅数据，如《山西标准地名图集》采用了本图集的全国性专题地理底图、中国政区、山西省、太原市等图幅数据。

（4）基于数据库编制的《国家普通地图集》，地图要素按照类别进行分层表示，便于未来对地图内容的补充和扩展。今后可以在此基础上，不断地更新完善基础地理信息数据，进一步补充和扩展各种专题内容，同时借助电子地图、网络发布平台、移动终端的展示优势，将《国家普通地图集》提升为国家级大型综合性地图集，使其能够更好地满足我国在经济建设、国防建设、社会发展和生态保护服务中的需要。

（5）《中比例尺公开基础地图数据规范》标准，规定了中比例尺公开基础地图数据的内容构成、基本要求、数据组织、数据整体要求、要素选取与表示要求、元数据等。本标准从国家层面上，对中比例尺公开基础地图数据进行需求调研和统筹设计，并参考相关技术标准和规范，首次统一规范了中比例尺公开基础地图数据产品，确立了我国对外发布成果的基础性、权威性、完整性、公开性和现势性。本标准为我国开展中比例尺公开基础地图数据的生产、建库、更新与服务提供了依据，必将大大促进我国地理信息产业的健康发展。

2. 经济效益分析

建立了全新的基于国家基础地理信息数据库的《国家普通地图集》编制的技术方法、生产模式、工艺流程、集成建库等技术体系，研制了高效实用的制图软件系统，形成了面向全国范围的《中比例尺公开基础地图数据规范》等技术标准。通过新技术方法的全面实施和应用，大大提高了制图数据更新生产和地图集编制的工作效率，有力地保障了成果数据质量，大幅减少生产软件购置开支，从而有效提升了我国地图制图与快速更新能力与水平，实现了向信息化测绘技术条件下的《国家大地图集》快速编制与更新的方式转变，也为基础地理信息数据公开使用提供了依据，取得了显著的经济效益，具体介绍如下。

（1）研制的地图缩编软件在《国家普通地图集》数据库及各图幅数据的缩编处理中，得到了全面的应用；制图软件系统技术成果已在我国 2014 年首次开展的 1：100 万地形图制图数据生产和建库中，在 2015 年境外 1：100 万基础地理信息数据的扩展中，在 2016 年、2017 年、2018 年开展的 1：100 万地形图制图数据联动增量更新中，得到了全面的实际应用。如果按照地图数据自动缩编软件和制图生产软件估价 6 万元/套计算，累计发放约 1000 套，全部免费下发生产作业单位，可创造收益超过 6000 万元。由于使用了软件系统，使得中小比例尺地图数据缩编更新效率提高了 50%，1：100 万地形图制图数据生产更新效率提高了 80%，大大节省了人力物力和时间成本。

（2）研发的注记智能配置算法、基于空间数据库的地图数学基础自动设计程序、线性地图要素深度综合规则等技术成果，已在《国家普通地图集》编研中得到了实际的应用和验证，大大提高了编图的技术水平和编图周期。过去编制一套国家大地图集需要大概 15 年的时间，本项工作真正编制图集的时间仅为 3～5 年，显然节约的成本和创造的收益一定是非常可观的。

（3）研制的《中比例尺公开基础地图数据规范》标准，是在生产实践的基础上，对中比例尺公开基础地图数据的要素和属性内容、选取指标和精度要求等进行指标设计和调整，并得到成功有效的验证。本标准从国家层面对中比例尺公开基础地图数据进行了体系设计和创新研究，从总体要求到具体要素，分层次对基础地理信息要素进行了系统规划、逻辑关联和完整规定，最终以信息图表的形式设计形成了脉络清晰、层次分明、关系明确、体系完整的《中比例尺公开基础地图数据规范》内容框架体系。作为专门针对公开基础地图数据的规范标准，在国内外都属首次，它可以更好地满足我国信息化建设的需要，规范基础地理信息数据资源的广泛应用，提高测绘地理信息公共服务能力和水平，促进地理信息产业的蓬勃发展，也必将带来巨大的经济效益。

（4）优化提炼了公开地图数据规范，通过构建基于国家基础数据库的中比例尺地图数据规范框架结构以及面向全国范围地图数据的信息图表表达方式，创新设计了基于信息图表的面向全国范围的中比例尺地图数据规范框架结构，系统构建了可以公开表示的基础地图数据指标体系，有力支撑了基础地理信息数据的广泛应用。

第七章
总结与展望

　　本书在国家基础地理信息数据库建设的基础上、在国家标准地形图制图以及国家大型地图集编制等的需求下，建立并实现了空间数据库驱动的地图制图技术体系，显著提升了地图数据生产、更新以及标准化地图制图与空间信息服务的能力。随着相关技术成果的应用推广与升级，图库一体的地图制图技术已不局限于基本地形图的数据建库与制图，开始朝着基于空间数据库的地理信息与地图制图一体化服务的方向发展，这为未来地图服务多样化发展提供了技术基础。

　　未来发展中，在国家推进长江经济带、一带一路等区域发展战略以及大数据、物联网、智能（网联）汽车等产业发展战略的大环境下，随着信息化、数字化的进一步发展，地理信息服务将更加深入应用到各行各业中。地图作为地理信息服务对象与空间数据直接交互的环节，地图服务的发展对于地理信息服务升级有着至关重要的作用，尤其地图服务功能的拓展与交互形式的进化，将进一步深化地理信息的行业应用、优化地理信息服务体验，这给制图建库一体化技术的升级与发展提出了新的要求。

　　本章首先从制图数据库建设、数据更新、标准比例尺地形图制图应用以及大型地图集编制应用四个方面出发，总结空间数据库驱动的地图制图技术成果与意义；进而通过对新形势下各行业对地理信息与地图服务新需求的探讨，明晰下阶段地图制图技术发展要求；最终以现有技术为基础，以满足行业应用需求为目标，梳理地图制图技术未来升级发展方向，展望地图制图技术下一步发展。

一、基于空间数据库地图制图技术总结

　　面对传统地形图生产更新技术工艺与当下测绘地理信息发展要求之间的矛盾，本书首先从空间数据库驱动的地图制图机制入手，从多源驱动的要素智能

符号化、属性驱动的智能化注记配置、元数据驱动的智能化图面整饰三个角度切入，在理论层面对基于图库联动的地图制图技术进行了深度挖掘；然后在数据库驱动的地图快速制图数据存储模型和规则的基础上，研制开发了一套集友好制图界面、组件式制图符号系统、基础地理信息生僻字库、管理端模块、生产端模块、质量控制模块于一体的制图生产与管理系统；最后以国家基础地理信息中心于 2008 年启动的国家 1∶5 万地形图制图工程应用以及 2013 年启动的新世纪版《国家普通地图集》编制应用为例，论述了基于图库联动的地图制图技术在制图数据更新建库、地图出版以及网络版地图集服务等方面的划时代意义。意义主要表现为以下几方面。

（1）规范性制图数据库建设，弥补当前地形图生产空白。

（2）联动更新机制普及，奠定快速制图基础。

（3）支撑标准地形图制图，满足多方各类用图需求。

（4）支撑《国家普通地图集》编制，拓展空间数据库驱动的地图制图技术。

二、新形势下地图制图发展需求

近年来，随着 5G 通信、物联网、虚拟现实（virtual reality）、增强现实（augmented reality）等技术的快速发展与商用，各行业应用场景也逐渐发生转变，这对空间数据与地图服务的要求也随之提升，尤其如空间规划、城市管理、交通出行、智慧物流等行业，已不满足于基础性数字地图的平面化展示，并形成了面向复杂应用场景、跨领域、专题性强、高互动性、形式多样的地图服务需求。为满足行业应用需求，未来地图制图技术需要推进以下方面转变，实现突破性发展。

1. 从符号化制图表达到全息化场景表达的转变

传统地图制图模式旨在建立数字制图模型，将地理实体符号化。该过程是将现实世界抽象、简化为特定符号的过程，在标准比例尺地图制图中，借助比较完善的符号系统，可以简要地实现地理实体表达，然而，符号只能表达地理实体的主要信息，致使对现实世界的表达不够直观，且要求地图使用者需要具备一定知识以解读地图，一定程度上提高了地图使用的门槛，限制了地图与行业应用更深入的结合。未来发展中，随着计算机性能的提升，地图数据端足以撑起地理实体三维建模数据的存储与管理工作，应用终端也足以实现较为复杂的地理实体渲染工作，因此地图制图可以告别技术受限环境下的传统制图符号化模式，回归地理景观模型本身，以地理实体全息数据为基础进行地理场景建模，以实体模型与属性信息融合制图代替抽象的符号化制图，以更直观的方式传递地理实体多维度信息，从而更深入应用于各行业中。

2. 从平面化地图浏览到沉浸式地图交互的转变

作为人与地理信息直接交互的环节，地图已从传统的纸质地图发展到数字地图浏览的形式。然而，现阶段的地图依然以基于屏幕的平面化浏览形式为主，虽然已发展出三维地图，但始终受限于平面化的浏览形式，地图表达与现实世界之间存在一定隔阂，致使地理信息可视化结果以及人机交互模式不够直观。因此，未来地图制图的发展应突破平面制图的限制，推进基于地理实体的三维场景建模的同时，探索不同终端地图可视化模式，实现地图场景即时渲染及虚实融合制图，建立更直观的沉浸式地图可视化模式。

3. 从标准化地图生产到定制化地图服务的转变

经过多年的发展，地图内容日渐丰富，地图可视化形式日渐多样，虽已形成了基础地形图、线上地图集等在线数据服务形式，但是，当前的地图应用依然以基础性地形图编制为核心，仅实现基本的平面地图浏览与空间信息查询功能。然而，随着各行业的发展，行业应用对专题性地图需求不断增加，对地图内容、地图可操作性以及空间知识发现的要求不断提升，尤其面对应用场景需要借助空间知识挖掘技术以辅助决策支持时，传统地图的应用模式已无法满足相应需求。因此，未来的地图发展应当转变地图应用模式，由以标准化地图生产为中心转为以用户为中心，构建从数据管理到智能数据挖掘再到用户终端地图制图的一体化服务机制，支撑行业应用。

4. 从传统地图编制到实时地图制作的转变

传统地图制图模式通常以标准地图制图为核心，在基础性空间数据的基础上，开展制图符号化、地图可视化等一系列工作，满足基础性地图的生产需求。然而，随着地理信息深入应用于各行业中，行业应用场景，如智慧出行、市政管理、自动驾驶等，常需要实时数据以实现即时决策，这对地图成果的时效性有着极高的要求，传统制图模式的长生产周期使其完全不能满足相关场景需求。因此，未来地图制图的发展需在传统基础性地理信息数据的基础上，融合专题性监测数据、物联网感知等多源实时数据，建立多源数据协同更新机制以及专题地图制图快速响应机制，推动即时专题地图服务建设，以支撑强时效性的地图应用需求。

5. 从专业性地图制图到大众化制图的转变

传统地图制图常以编制标准比例尺地形图等基础性地图产品为目标，由测绘部门主导并开展专业化、标准化生产工作。虽然空间精度与成果质量均要求较高，但其生产技术要求高、技术流程长等特性致使传统地图制图技术门槛极高，即使是专题性地图，同样需要进行符号配置、图面整饰等一系列技术操作，使得地图制图与地图应用存在一定技术壁垒，造成地图难以与行业应用场景深度融合。因此，未来的地图应当进一步提升地图制图自动化、智能化程度，进一步降低制图的技术门槛，实现地图制图技术的大众化推广。

三、地图制图技术发展展望

经过多年的发展，空间数据与地图制图之间的界限愈加模糊，地图制图已实现了从传统纸质地图到数字化地图浏览的巨大转变，形成了空间数据库驱动的地图制图技术，为地图制图服务发展奠定了技术基础。为满足未来行业应用需求以及未来地图技术发展的要求，地图制图需告别传统制图模式，进一步突破地理信息服务与地图制图服务的界限，在基础性地图制图的基础上，融合实时监测数据、众源数据、物联网感知数据等多源时空大数据，拓展空间过程建模、空间数据挖掘等分析决策支持功能，探索全息地理场景建模、虚实融合制图等新一代制图技术，建立面向用户需求的地理信息与地图制图一体化服务体系。具体包括以下几方面内容。

1. 转变制图表达模式，建设基于全息地理实体建模的地图制图技术体系

为实现更直观的地图表达，必须突破传统地图表达模式，摆脱地理景观模型向地图制图模型转化的制图表达思路，以基于地理实体全息数据的数字化建模代替传统的符号化表达，在空间实体的多维度数据基础上，进行面向全息场景自动化，并通过对地理实体与空间场景渲染以及相关属性信息的制图综合与叠加，建立以更直观的形式，实现对现实世界的数字化制图与浏览，打破地图与现实的隔阂，拉近地图与用户的距离。

2. 拓展地图可视化形式，建立虚实融合制图技术体系

全息地图的建设将是更直观的地图应用形式，但是，传统的基于平面地图的可视化模式在一定程度上限制了相应制图结果的直观性与交互性。因此，未来的地图制图需突破二维平面地图的限制，借助虚拟现实、增强现实乃至全息投影（holographic display）技术，依据不同平台特性，突破基于全息地图数据的虚实融合的地图制图技术，进一步弱化数字地图与现实世界的隔阂，提升地图应用沉浸感以及用户与地图交互的直观性，这也将进一步推进未来地图服务模式的进化。

3. 改变地图生产理念，建设以用户为中心的地图服务体系

未来发展中，地图应用需突破传统的以标准化地图制图为核心的地图生产模式，广泛调研不同行业用户需求，建立以用户为中心、面向应用场景的一体化地理信息服务体系。这要求未来的地图与地理信息服务需统筹数据管理、空间数据挖掘与知识发现、专题地图制图以及地图服务终端等一系列技术环节设计，在基础地理信息数据基础上开展多源时空大数据融合建库，以图库一体化技术为基础，拓展空间数据挖掘技术与专题地图快速制图技术，丰富地图服务功能，不断优化从前端地图交互到后端数据挖掘、再回到前端专题地图成图的

人机交互流程中各项技术环节，建立可定制的智能化在线地图服务体系。

4. 升级图库一体化技术，提升地图服务即时响应能力

为满足一些应用场景对地理信息服务高时效性的需求，需要不断提升空间数据管理技术以及多源数据驱动的专题地图制图技术，这对自动化的数据采集、建库、组织与地图服务提出了更高的要求，而不同领域数据内容与数据结构的差异，给实时的地图数据服务提出了更高的挑战。为此，未来地图服务建设应在多源时空大数据的基础上，建立专题性监测数据、物联网感知数据等多源数据协同管理机制，建设面向用户需求的制图信息综合与快速制图技术体系，打通交通、导航、城市监测、气象、社交等多源实时数据从数据生产到数据管理再到地图服务终端的一系列技术环节，实现数据采集端监测数据的实时获取与规范化组织、数据管理端的多源异构数据协同管理与即时更新以及地图服务端的地图自适应制图与快速响应，建立即时地理信息服务技术体系。

5. 建立智能化自动制图技术体系，降低制图技术门槛，实现制图大众化

为进一步降低制图技术门槛，推进地图制图大众化，应广泛调研消费端或行业应用端制图应用需求，梳理制图技术体系，整合从地图数据管理到地图制图配置再到地图可视化的全链条制图技术流程。在进一步提升地图制图自动化程度的同时，开展自适应的制图表达技术研究，实现能依据制图数据、地图终端等特征的智能制图技术服务，从而弱化制图技术壁垒，实现可以依据用户需求而一键制图的低门槛制图服务功能，形成人人可制图、随时能制图的制图技术服务体系，推进地图制图大众化。